# シギ・チドリ類ハンドブック

*Illustration*

### 氏原 巨雄
(P.3 イラスト,P.18 〜 P.57,P.67 のイラストと文を担当)
1949 年生まれ。鳥類画家として図鑑類にイラストを執筆。
シギ・チドリ類の野外スケッチはこれまでに 200 点を超える。

### 氏原 道昭
(表紙,P.3 文,P.4 〜 P.17,P.58 〜 P.66 のイラストと文を担当)
1971 年生まれ。鳥類画家として約 2 年おきに個展を開催。
小学校低学年時から東京湾のシギ・チドリ類に親しむ。

## 本書の趣旨と使い方

本書は,鳥類の中でも種類が豊富で,見分けの難しいものも多いシギ・チドリ類について,図版と簡素な解説文を中心にまとめた野外識別のための手引き書である。掲載種は,日本で記録のある種に加え,国内記録の確実性が必ずしも明確でない種,今後記録される可能性のある種にも及んでいるが,それらの種についても野外識別での利便性を図るため,あえて巻末にまとめたりせずに本文中で同列に扱っている(国内未記録種には㋮マークを付している)。このため,実際の観察に際しては,各種の解説文も参照し,国内で見られる頻度,可能性も十分考慮に入れ,ケースに応じて慎重かつ柔軟に判断していただきたい。また,図版は紙面の許す範囲で季節や年齢による変化も極力取り上げるようにしたが,それでも野外では個体差や換羽状況,姿勢,光線状態等々により,同じ種でも実にさまざまに印象が変化して見えるのが常なので,図版はあくまでそれぞれの標準的な見え方の例を示したものと考え,柔軟に対応していただきたい。なお,各種の学名や分類,全長等については原則として Peter Hayman, John Marchant, Tony Prater らによる「SHORE BIRDS」(CROOM HELM 社 1986)を踏襲した。

## 各部の名称

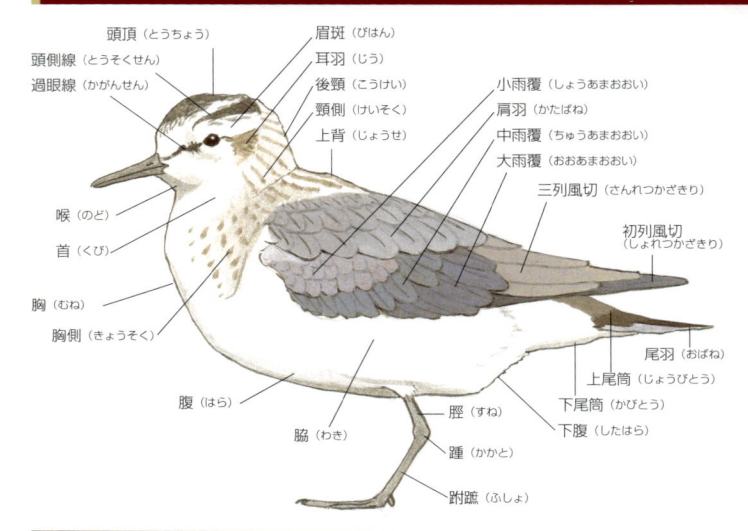

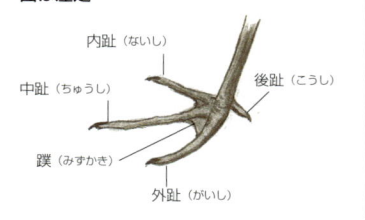

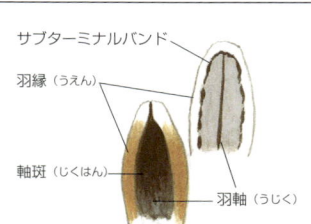

図中のラベル:
- 頭頂（とうちょう）
- 頭側線（とうそくせん）
- 過眼線（かがんせん）
- 眉斑（びはん）
- 耳羽（じう）
- 後頸（こうけい）
- 頸側（けいそく）
- 上背（じょうせ）
- 小雨覆（しょうあまおおい）
- 肩羽（かたばね）
- 中雨覆（ちゅうあまおおい）
- 大雨覆（おおあまおおい）
- 三列風切（さんれつかざきり）
- 初列風切（しょれつかざきり）
- 喉（のど）
- 首（くび）
- 胸（むね）
- 胸側（きょうそく）
- 腹（はら）
- 脇（わき）
- 脛（すね）
- 踵（かかと）
- 跗蹠（ふしょ）
- 尾羽（おばね）
- 上尾筒（じょうびとう）
- 下尾筒（かびとう）
- 下腹（したはら）

図は左足
- 内趾（ないし）
- 中趾（ちゅうし）
- 後趾（こうし）
- 蹼（みずかき）
- 外趾（がいし）

- サブターミナルバンド
- 羽縁（うえん）
- 軸斑（じくはん）
- 羽軸（うじく）

## 用語解説

**全長**（ぜんちょう）: この本ではLで表した。鳥を仰向けに寝かせた時の嘴の先から尾の先までの長さ。

**幼羽**（ようう）: 孵化後最初に生える正羽。主に8〜10月ごろに見られる。

**第1回冬羽**（だいいっかいふゆばね）: 幼羽から最初の換羽で得られる羽衣。成鳥冬羽に似るが，雨覆などに幼羽を残していることで見分けられる例が多い。オオジシギなどでは8〜9月にすでに雨覆にもかなり換羽が及んでいることも多い。

**第1回夏羽**（だいいっかいなつばね）: 生まれた翌年の春の換羽で得られる羽衣。成鳥夏羽に似るが不完全であったり，一見冬羽のように見えたりする。繁殖期も越冬地や中継地に居残る傾向がある。

**夏羽**（なつばね）: 繁殖に関連した羽衣。生殖羽。雄のほうがより色鮮やかな種が多いが，タマシギ，ヒレアシシギ類では逆に雌のほうが鮮やか。国内で繁殖するチドリ類など，冬に夏羽になる例もある。

**冬羽**（ふゆばね）: 非生殖羽。灰褐色などの地味な色のものが多い。冬に夏羽

## 翼上面

- 上背（じょうせ）
- 背（せ）
- 肩羽（かたばね）
- 小翼羽（しょうよくう）
- 初列中雨覆（しょれつちゅうあまおおい）
- 初列大雨覆（しょれつおおあまおおい）
- 初列風切（しょれつかざきり）
- 次列風切（じれつかざきり）
- 大雨覆（おおあまおおい）
- 中雨覆（ちゅうあまおおい）
- 小雨覆（しょうあまおおい）
- 三列風切（さんれつかざきり）
- 腰（こし）
- 上尾筒（じょうびとう）
- 外側尾羽（そとがわおばね）
- 中央尾羽（ちゅうおうおばね）
- 翼帯（よくたい）

## 翼下面

- 腋羽（わきばね）
- 下初列中雨覆（したしょれつちゅうあまおおい）
- 下初列大雨覆（したしょれつおおあまおおい）
- 初列風切（しょれつかざきり）
- 次列風切（じれつかざきり）
- 下大雨覆（したおおあまおおい）
- 下中雨覆（したちゅうあまおおい）
- 下小雨覆（したしょうあまおおい）
- 三列風切（さんれつかざきり）

---

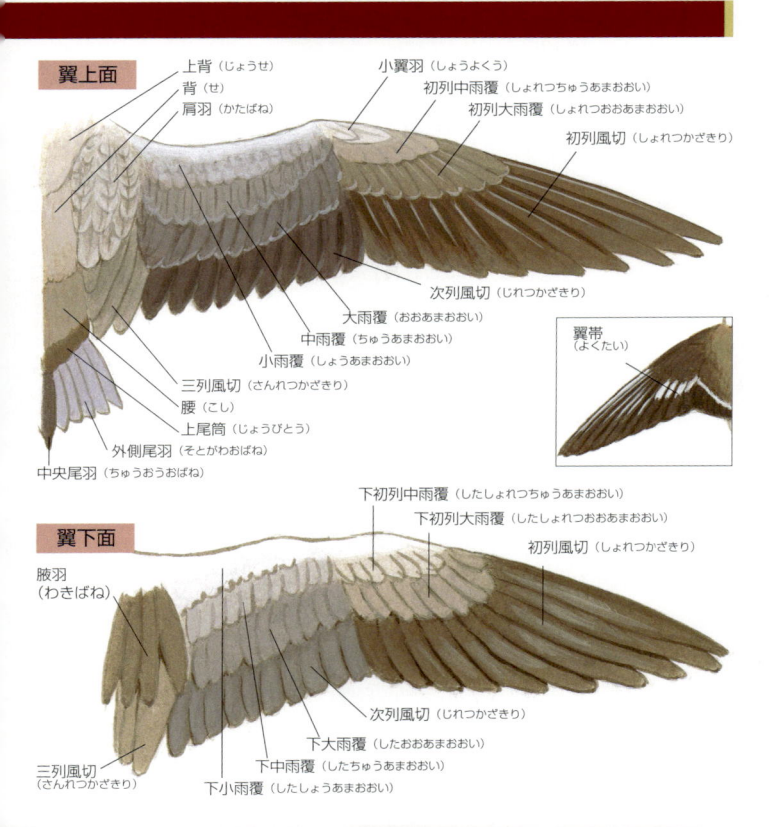

になる種では盛夏に冬羽になっていることが多い。

**成鳥（せいちょう）**：それ以上成長による羽衣の変化が起きない年齢に達した個体。本書では原則として「夏羽」「冬羽」と表記した場合，それぞれ「成鳥夏羽」「成鳥冬羽」を指すものとする。

**換羽（かんう）**：古い羽が抜けて新しい羽に生え変わること。秋に全身換羽を行い，春は尾羽，風切を除く部分換羽を行う種が多い。

**縦斑（じゅうはん）**：体の軸に平行な斑点，縞などの模様。

**横斑（おうはん）**：体の軸に対し垂直な斑点，縞などの模様。

**上面（じょうめん）**：上背，肩羽，雨覆などを合わせた体の上側の総称。

**下面（かめん）**：胸，腹，下尾筒などを合わせた体の下側の総称。

**夏鳥（なつどり）**：日本より南から渡来して繁殖する鳥。

**冬鳥（ふゆどり）**：日本より北で繁殖，日本で越冬する鳥。

**旅鳥（たびどり）**：日本より北で繁殖し，日本より南で越冬，春秋の渡りで日本に立ち寄る鳥。

## シギ・チドリ類見分けのヒント

　シギ・チドリ類を見分けるには，大きさ，嘴の長さと形，足の長さと色，飛翔時の翼や尾羽のパターン等々が着目点として挙げられるが，実はかなり特徴的な種を除いて，それらが1点のみで決め手になるような場合はむしろ少なく，さまざまな特徴が組み合わさって，それぞれ独特の「その種らしさ」を構成している場合が多い。このあたりが一般には難しく感じられる要因かもしれないが，何よりもまずは，よく見られる普通種の生の姿に野外でくり返し接し，考えるまでもなく感覚的にわかるようになることが第一歩である。そしてよりまぎらわしい種でも，いくつかの見方のコツをつかむことで，見分けが容易になる場合もある。

　ここにいくつかヒントになりそうな見方の例を図解したが，これらは何もここに挙げた種だけでなく，ほかのさまざまな種にも応用可能な場合がある。いずれにせよ，観察にあたっては本書の内容を単に機械的に対象に当てはめようとするだけではなく，ご自身の目で観察したものと突き合わせつつ総合的かつ柔軟に考え判断していく，ということをぜひ実践していただきたいと思う。

### 羽毛の変化（ヨーロッパトウネン）

**4〜5月**

**新鮮な夏羽**
幅広い淡色の羽縁が目立つ

> このほか，羽毛が寝ている時と逆立っている時の違いなど，その時の羽毛の状態次第では，色合いや体形の印象がまったく違って見えることがあるので注意しよう。

**8〜9月**

新しい冬羽　　古い夏羽

**摩耗した夏羽**
羽縁が擦り切れるため，しばしば全体に非常に黒っぽく見える

**幼羽**
羽毛が新鮮で整っている。幼羽もこの後には摩耗しはじめ，上背や肩羽が第一回冬羽に換羽していく。

## 大きさとプロポーション

左からアオアシシギ，アカアシシギ，キアシシギ
逆光などのかなりの悪条件下でも，経験を積めば大きさとプロポーションなどから種を特定できることも多い。この中ではキアシシギが最も足が短く，体は横長く見える。

> ❗ 見分けの重要なポイントは，羽の細部の模様などにもある場合もあれば，このように全体的な大きさやバランスなどにある場合もある。大づかみに全体像を把握する見方も忘れないようにしよう。

## 顔つき

この3種では，ハマシギが最も嘴と眼が離れた面長の印象を与え，トウネンはその反対，ヒメハマシギは中間的である。

ハマシギ

トウネン

ヒメハマシギ

> ❗ 何でも顔つきで見分けられるわけではないが，手がかりには十分なる，という場合も多いのでぜひ注目してみよう。

# レンカク

*Hydrophasianus chirurgus*
Pheasant-tailed Jacana

L31cm(夏羽で尾羽を含め39-58cm)

夏羽
冬羽
❶
❷ 第1回冬羽

**分布** 本州以南で数少ない旅鳥または冬鳥。池沼、蓮田など。**特徴** クイナ類に似た体形と❶長い足指。**夏羽** ❷著しく長い尾と白い頭、後頸の黄色、黒い下面など非常に特徴的。**冬羽** 尾は短く下面は白い。**第1回冬羽** 頭は赤褐色を帯び、胸の帯が不明瞭。**声** チュー、ミャーオ。

# タマシギ

*Rostratula benghalensis*
Painted Snipe

L23-26cm

雄
❶ ❷ ❸ 雌成鳥
雌第1回冬羽
雛

**分布** 北陸・関東以南。留鳥。羽色の地味な雄が子育てを行う。**特徴** ❶やや下湾した嘴と❷眼の周囲の白色、❸肩に食い込む白線など。**雄** 上面は大きな淡黄褐色斑のある模様に覆われる。**雌** 頬から胸にかけての深い赤が目立つ。**雌第1回冬羽** 雌成鳥より赤色が乏しい。**声** 繁殖期の雌は、コッ、コッとくり返し鳴く。

## ケリ

*Vanellus cinereus*
Grey-headed Lapwing

L34-37cm

夏羽
幼羽
冬羽
雛

**分布** 近畿以北の本州。やや局地的な留鳥。水田, 畑, 湿地など。**特徴** ❶黄色く長い足, ❷飛翔時の白, 黒, 灰褐色の鮮やかなパターンなど。**夏羽** ❸青灰色の頭, ❹胸に黒帯。**冬羽** 頭部が褐色味を帯びる。**幼羽** 上面各羽に淡色の羽縁。胸の帯は不明瞭。**声** 鋭いキリッ, キキキッ。

## タゲリ

*Vanellus vanellus*
Northern Lapwing

L28-31cm

雄夏羽
冬羽
雛
雌夏羽
幼羽

**分布** 本州以南で冬鳥, 北陸, 北関東で繁殖記録もある。水田, 畑, 湿地など。**特徴** ❶長い冠羽, ❷胸の黒帯, ❸金属光沢の上面, ❹丸い翼など。**夏羽** 雄は喉が黒く, 雌ではこの黒が不完全, 後頭部は白い。**冬羽** 喉は白い。後頭部は淡褐色を帯びる。上面にある程度バフ色の羽縁。**幼羽** バフ色の羽縁は三列風切, 大雨覆で切れ込み状 (磨耗すると消失)。冠羽は短く上面の色は鈍い。広げた翼は成鳥ほど丸くない。**声** ミューイ。

9

## ムナグロ

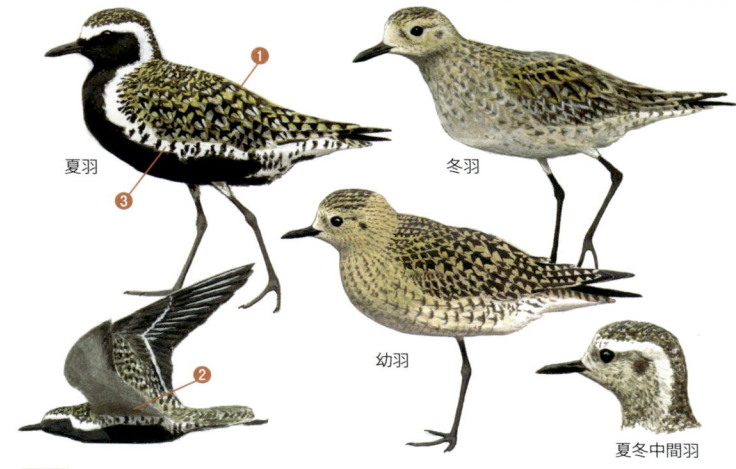

*Pluvialis fulva*
Pacific Golden Plover　　　L23-26cm

夏羽　❶　❸　冬羽　❷　幼羽　夏冬中間羽

**分布** 主に旅鳥。水田, 川原, 草地, 干潟など。**特徴** 嘴や足はやや長め。❶ 黄褐色を帯びる上面。❷ 腋羽は淡褐色。**夏羽** ❸ 眉斑から脇, 下尾筒まで白色部が連なる。**冬羽** かなり黄色味が弱い場合もある。**幼羽** 通常黄色味が強いが, 個体差も大きい。**声** ポイヨ, ピウイウイなど。

## アメリカムナグロ

*Pluvialis dominica*
American Golden Plover　　　L24-28cm

❶ 夏羽　❷ 冬羽　❸ 幼羽　❷

**分布** 北米の種。数例の記録があるといわれる。**特徴** ❶ ムナグロより嘴が小さめで翼は長い。❷ 三列風切から4枚の初列風切が突出 (換羽状況等にも注意が必要)。足はやや短めで, 頭が大きめに見える傾向。**夏羽** ❸ 脇が黒く, 下尾筒もほぼ黒い。**冬羽** 黄色味はごく弱い。眉斑は白く目立つ (ただし換羽中のムナグロも目立つ)。**幼羽** 黄色味は普通かなり弱い。体下面が暗色に見える傾向。眉斑は目立つ。**声** チューイ, ピュイッピュイッなど。ムナグロより高い。

## ダイゼン

*Pluvialis squatarola*
Grey Plover

L27-30cm

夏羽
幼羽
雌夏羽
冬羽

**分布** 旅鳥または冬鳥。干潟, 河口など。**特徴** ムナグロより明瞭に大きく, 黄褐色味に乏しい。❶腋羽が黒い。❷短い後趾がある。**夏羽** 白黒が鮮やかで模様は粗い。❸下尾筒は白い。**冬羽** 灰色味が強く, コントラストに乏しい。**幼羽** 下面は細い縦斑が多い。ムナグロほどではないが, しばしばごく淡い黄褐色味を帯びる。**声** ピウーなどとやや長く伸ばす。

## ヨーロッパムナグロ

*Pluvialis apricaria*
Eurasian Golden Plover

L26-29cm

夏羽
幼羽
冬羽

**分布** ロシアのタイミール地方以西で繁殖。2011年10月に沖縄県, 2012年12月に石川県で記録がある。**特徴** ムナグロより太身で嘴と足が短く, ❶翼下面が白い。夏羽は胸の黒色部が狭い。**声** ピィーなど。

## メダイチドリ

*Charadrius mongolus*
Lesser Sandplover
L19-21cm

雄夏羽
① 
② 雌夏羽
冬羽
幼羽
亜種 *atrifrons* 雄夏羽

**分布** 主に旅鳥。干潟,砂浜などで普通に見られる。**特徴** シロチドリより大きい。①太短い嘴。②後頸は白い首輪状にならない。**夏羽** 幅広く橙色の胸と太い過眼線。**冬羽** 灰褐色。**幼羽** 鱗状の上面。胸などにバフ色味。**亜種** チベット周辺の亜種グループ (*atrifrons* グループ) に属すると思われるもの (亜種 *schaeferi*?) も西日本で観察例がある。**声** クリリッなど。

## オオメダイチドリ

*Charadrius leschenaultii*
Greater Sandplover
L22-25cm

雄夏羽
①
冬羽
幼羽
雌夏羽

**分布** 少ない旅鳥。干潟,砂浜など。カニを好む。**特徴** メダイチドリより大きくて足や嘴が長く,①特に嘴は明瞭に長い。全体に淡色に見える傾向。オオチドリより嘴が太く,胸のパターンが異なり,飛翔時に翼帯が明瞭。**雄夏羽** 橙色の胸と黒い過眼線。**冬羽** 上面は灰褐色。**幼羽** 鱗状の上面。胸などにバフ色味。**声** クリリッなど。

# オオチドリ

*Charadrius veredus*
Oriental Plover

L22-25cm

雄夏羽　冬羽　幼羽

**分布** 数少ない旅鳥。記録は西日本に多い。草地,田畑,荒地など。**特徴** メダイチドリより大きく,❶嘴は細長く尖る。足は黄色やピンク味があり長い。❷翼帯は目立たない。翼下面は灰褐色。**夏羽** 顔が白く,胸が橙色で腹との境界が黒い特徴あるパターン。**冬羽** 胸は広く不明瞭に灰褐色。**幼羽** 鱗状の上面。**声** チプ,チプ,チプ。

# コバシチドリ

*Charadrius morinellus*
Eurasian Dotterel

L20-22cm

夏羽　冬羽　幼羽

**分布** 稀な旅鳥。草地,荒地,畑,高山の草地など。**特徴** ❶小さい嘴,❷胸を横切る淡色線,❸後頸で合流する長い眉斑。**夏羽** 腹部が赤褐色と黒の特徴的な色彩。雌のほうがやや色鮮やか。**冬羽** 赤褐色等はなく地味。上面はバフ色の羽縁が目立つ。**幼羽** 上面の淡色の細い羽縁と黒い軸斑の白黒模様のコントラストが強い。日本では幼羽の記録がほとんど。**声** ピゥィ。リュー。

## ハジロコチドリ

*Charadrius hiaticula*
Ringed Plover

L18-20cm

夏羽 冬羽 幼羽

**分布** 少ない旅鳥または冬鳥。干潟,河口,水田など。**特徴** コチドリより大きく,❶白い翼帯があり,アイリングは目立たない。シロチドリより大きく全体に暗色に見える。**夏羽** 非常に太く黒い過眼線と胸の帯。❷橙色の嘴基部と足。**冬羽** 嘴は黒く,過眼線等が不明瞭。**幼羽** 鱗状の上面。**声** ピィーッ,ピュイーッなど。

## ミズカキチドリ

*Charadrius semipalmatus*
Semi-palmated Plover

L17-19cm

夏羽 冬羽 幼羽

ミズカキチドリ　ハジロコチドリ

**分布** 北米の種。2006年11月～2007年5月に愛知県,2012年9月に千葉県で記録がある。**特徴** ハジロコチドリに酷似。蹼が大きく,❶内趾と中趾の間にも小さいが明瞭な蹼がある。❷嘴は短く,❸過眼線は口角につかない傾向。胸の帯は平均して細い（姿勢により変化）。❹夏羽では眉斑が短く不明瞭で,アイリングが多少目立つ傾向。**声** チュイッなど。ハジロコチドリより高い。

## コチドリ
*Charadrius dubius*
Little Ringed Plover
L14-17cm

夏羽 / 冬羽 / ① / ② / 幼羽 / 雛 / 雌夏羽

**分布** 主に夏鳥。河川の中流以下,水田,荒地,泥地などで普通に見られる。冬期のうちに夏羽に変わり,晩夏には冬羽になる。**特徴** シロチドリ,イカルチドリより小さい。① 黄色いアイリングが最も目立つ。② 翼帯がほとんどない。夏羽 黒い過眼線と胸の帯。冬羽 黒い過眼線等を欠く。幼羽 鱗状の上面。額などにバフ色味。眉斑は目立たない。**声** ピウ。ビビビビ…ビュービューなど。

## イカルチドリ
*Charadrius placidus*
Long-billed Plover
L19-21cm

夏羽 / 冬羽 / ① / ② / 幼羽 / 雛 / 雌夏羽

**分布** 主に留鳥。河川の砂礫地。ほかに湖沼,水田など。干潟・海岸では稀。冬期に夏羽,晩夏に冬羽になる。**特徴** コチドリよりかなり大きく,① 嘴が長い。② 弱い翼帯がある。夏羽 過眼線は耳羽付近で褐色がかかる。胸の帯も細め。冬羽 黒い過眼線等が不明瞭。幼羽 鱗状の上面。**声** ピウ,ピッピッピッ…など。

# シロチドリ

*Charadrius alexandrinus*
Kentish Plover

L15-17.5cm

雄夏羽　冬羽　幼羽　雌夏羽　雛

**分布** 主に留鳥。河口,干潟,砂浜,荒地などで普通に見られる。冬期のうちに夏羽に変わり、晩夏には冬羽になる。**特徴** コチドリよりやや大きく、体後部がバランス上短く見える。メダイチドリより小さい。❶通常胸の帯が前で途切れる。❷後頸が白い。**雄夏羽** 黒く細い過眼線。❸過眼線と離れた額の黒斑。赤褐色の頭部。**冬羽** 黒い過眼線等を欠く。**幼羽** 鱗状の上面。**声** ピュルッ,ホイッ,ゲレゲレなど。

# 未 フタオビチドリ

*Charadrius vociferus*
Killdeer Plover

L23-26cm

夏羽　幼羽　雌

**分布** 北米の種で,今後記録される可能性もある。干潟,湿地,池沼,河川等。**特徴** ❶胸の２本の帯,❷橙褐色の腰,長い尾,赤いアイリングなど。**声** キリリリ…,キュイーィなど。

## キョウジョシギ　*Arenaria interpres* Ruddy Turnstone　L21-25.5cm

❶ 雄夏羽　雌夏羽　冬羽　幼羽

**分布** 主に旅鳥。干潟、岩礁、河川、水田など。**特徴** 足と嘴の短い独特の体形と❶顔から胸の模様。**夏羽** 赤褐色、黒、白の鮮やかな配色。**冬羽** 赤味に乏しく模様も不明瞭。**幼羽** 淡色の規則的な羽縁がより目立つ。**声** ゲレゲレゲレなど。

## (未)クロキョウジョシギ　*Arenaria melanocephala* Black Turnstone　L22-25cm

夏羽　❶　キョウジョシギ冬羽（暗色の個体）　幼羽　冬羽　❷　❸

**分布** 今後記録される可能性がある北米の種。岩礁、時に砂浜や干潟など。**特徴** キョウジョシギより明らかに黒く、赤褐色がない。❶胸と腹の境界に黒斑が散在。❷足は暗赤色、褐色などで、赤や橙色ではない。❸成鳥では中雨覆先端が尖りやや垂れ下がる。**夏羽** 黒い顔・胸に白い斑紋。**冬羽** 顔や胸は白色部がなく一様。**幼羽** 冬羽に似るが、やや褐色味が強く、雨覆の羽先が丸く規則的。**声** キュイッ、キュリリリ…など。キョウジョシギより高い。

17

# ヨーロッパトウネン

*Calidris minuta*
Little Stint

L12-14cm

夏羽(5月頃)

冬羽→夏羽

冬羽

夏羽(8月頃)

第1回冬羽

幼羽

**分布** 数少ない旅鳥または冬鳥。トウネンより越冬する傾向が強い。干潟,河口,湿地,水田など。**特徴** 胴体が短く❶足が長いため,体が横長で足が短いトウネンとは形態の違いが明瞭。採餌は前傾姿勢をとる。嘴はやや細長く,先端はトウネンより尖る。足も細め。❷静止時は初列風切が尾羽を越えることが多い。**夏羽** トウネンに似るが❸喉は白く,❹雨覆,三列風切,中央尾羽の軸斑が黒く羽縁が赤褐色。**冬羽** 上面はトウネンと同程度の濃さの灰褐色だが,より軸斑が太い傾向があり,特に第1回冬羽にその傾向がある。第1回冬羽は雨覆と三列風切に褐色味を帯び擦れた幼羽が残る。**幼羽** 三列風切,雨覆の軸斑が濃く,羽縁が赤褐色の傾向が強い。背に白い明瞭なV字ラインがある。
**声** ピッ,とトウネンより高く鋭い声。

# トウネン

*Calidris ruficollis*
Red-necked Stint

L13-16cm

夏羽（5月頃）

❷

冬羽→夏羽

❶

冬羽

夏羽（8月頃）

幼羽→第1回冬羽

幼羽

**分布** 小形のシギでは最も普通。旅鳥だが越冬をすることも。干潟，砂浜，岩礁海岸，川の中流，水田など幅広い環境に渡来。干潟では数百羽の群れになることもある。**特徴** ハマシギより小さい。体が横に長く足は短め。静止時，❶尾羽が最も後ろに出るのが普通。足が黒いことで足の黄色いヒバリシギ，オジロトウネンと区別。**夏羽** ❷頭部と胸，上面が赤褐色で，肩羽に黒褐色の軸斑がある。砂浜にいるとミユビシギに似て見えることがあるが，ずっと小さい。**冬羽** 上面は灰褐色で下面は白い。第1回冬羽は雨覆と三列風切に擦れた幼羽が残る。**幼羽** 上面はヨーロッパトウネンほど軸斑が目立たず，特に雨覆，三列風切は一様な傾向。羽衣には個体差がある。**声** チュリッ，ピュイッとヨーロッパトウネンより低めの声。

# ヒメハマシギ

*Calidris mauri* Western Sandpiper　　L14-17cm

夏羽（7月頃）

夏羽（4月頃）

冬羽

ヒレアシトウネン 夏羽（7月頃）

ヒレアシトウネン 夏羽（4月頃）

ヒレアシトウネン

ヒメハマシギ　トウネン

ヒレアシトウネン 冬羽

**分布** 稀な旅鳥。越冬記録もある。干潟，河口，水田など。**特徴** 幼羽，冬羽はトウネンに似るがやや大きい。❶嘴は長く，わずかに下にカーブする。足も長め。趾に小さな蹼がある。**夏羽** 頭部は白い眉斑を挟むように❷頭側線と耳羽が赤い。❸胸の黒色斑は脇まで及び目立つ。**冬羽** トウネン，ハマシギに似るが，大きさ，嘴の長さは両種の中間。**声** チリッと高い声。

## ㊅ ヒレアシトウネン　L13-15cm
*Calidris pusilla* Semipalmated Sandpiper

北米産で確実な記録なし。トウネンに似るが，形態はヨーロッパトウネンに近い。❹嘴は類似種より太い。蹼はヒメハマシギよりさらに小さい。**夏羽** 類似種より赤褐色が少ない。**冬羽** 嘴の長い個体（雌）はヒメハマシギの嘴の短い個体（雄）との識別は困難。**声** クリュッと低く短い。

# 足の黒い小形シギ4種の幼羽

ヨーロッパトウネン 幼羽

トウネン 幼羽

ヒレアシトウネン 幼羽

ヒメハマシギ 幼羽

●ヨーロッパトウネン 幼羽① 典型に近く最も普通のタイプ。三列風切,雨覆の黒い軸斑と赤褐色の羽縁が特徴。背の白いV字ラインが目立つ。 幼羽② 赤味が少なくヒレアシトウネンに似るが嘴が細い。 幼羽③ 稀と思えるタイプ。肩羽,雨覆の黒い軸斑が細くトウネンに似る。
●トウネン 幼羽① 典型に近く最も普通のタイプ。肩羽下列,三列風切,雨覆の軸斑が目立たない。 幼羽② 肩羽の軸斑が太く,錨型に先が尖りヒレアシトウネンに似る稀な羽衣。雨覆も暗色。 幼羽③ 軸斑が弱く色味も乏しく、遠目に冬羽に見える。

●ヒレアシトウネン 幼羽① 肩羽,雨覆の錨型の軸斑は本種の典型的な特徴。 幼羽② 全体に黒と白のコントラストが強い傾向があるのも本種の特徴。 幼羽③ 頭頂が茶色の帽子を被ったように見える個体がしばしば見られる。肩羽,雨覆の軸斑はトウネンに似て弱い個体。
●ヒメハマシギ 幼羽① 典型に近く最も普通のタイプ。トウネンに似るが,長い嘴と足など形態が異なる。 幼羽② 肩羽の軸斑が太く錨型でヒレアシトウネンに似る。 幼羽③ 赤褐色味の強い個体。

# ヒバリシギ　*Calidris subminuta* Long-toed Stint

L13-15cm

夏羽（5月頃）

夏羽（8月頃）

② 幼羽

幼羽

幼羽

①

アメリカヒバリシギ
幼羽

アメリカヒバリシギ
夏羽

③

**分布** 旅鳥だが越冬も。水田,川岸など。
**特徴** トウネンより小さいが,❶足は長く黄色で中趾が長い。嘴はまっすぐで細く,下嘴基部は褐色。❷頭頂の黒褐色部が嘴基部に繋がるのが普通。初列風切は三列風切にほぼ覆われる。**夏羽** 頭上,上面は赤褐色味が強い。**幼羽** 夏羽に似るが,橙褐色味を帯びる傾向。ウズラシギ,アメリカウズラシギに似るがひと回り以上小さい。**声** プルッ,ピュイッなど。

**未 アメリカヒバリシギ** L13-15cm
*Calidris minutilla* Least sandpiper
確実な記録なし。❸ヒバリシギより足が短く,嘴は長めで下にカーブする傾向。下嘴基部もほぼ黒い。額は出っ張り気味。塩水域も好む。夏羽,幼羽は赤褐色味がやや弱い。頭頂の黒褐色が嘴基部に届かない傾向。幼羽の雨覆の羽縁はヒバリシギより褐色に色づく。中趾は極端には長くない。**声** より高いブリィー。

# オジロトウネン

*Calidris temminckii*
Temminck's Stint

L13-15cm

夏羽（5月頃）
夏羽（8月頃） ①
第1回冬羽 ②
幼羽

ヒバリシギ冬羽 ③
アメリカヒバリシギ冬羽
オジロトウネン冬羽 ④

**分布** 旅鳥。関東以西では越冬。水田，湿地，川岸，埋め立て地の水溜りなど淡水域を好む。河口干潟でも稀に見られる。
**特徴** トウネンより小さく，全体に色味が乏しく地味。嘴は短く先が尖る。足も短くて黄色い。① 静止時，尾羽は最も後ろに突き出し外側尾羽は白い。 夏羽 上面は黒い軸斑と褐色の羽縁がある羽毛がまばらにある。第1回冬羽は雨覆，三列風切にサブターミナルバンドのある幼羽が残る。 幼羽 冬羽に似るがやや黄褐色味を帯びる傾向があり，② 上面の各羽にサブターミナルバンドがある。 **声** 飛び立つ時などにチリリリリッと虫のような小さな声で鳴く。
**黄足の小形シギ3種の冬羽** ヒバリシギは ③ 上面の軸斑が最も太い。アメリカヒバリシギは頸と足が短く，軸斑は細め。オジロトウネンは ④ 頭，胸も含め上面が一様に灰褐色。

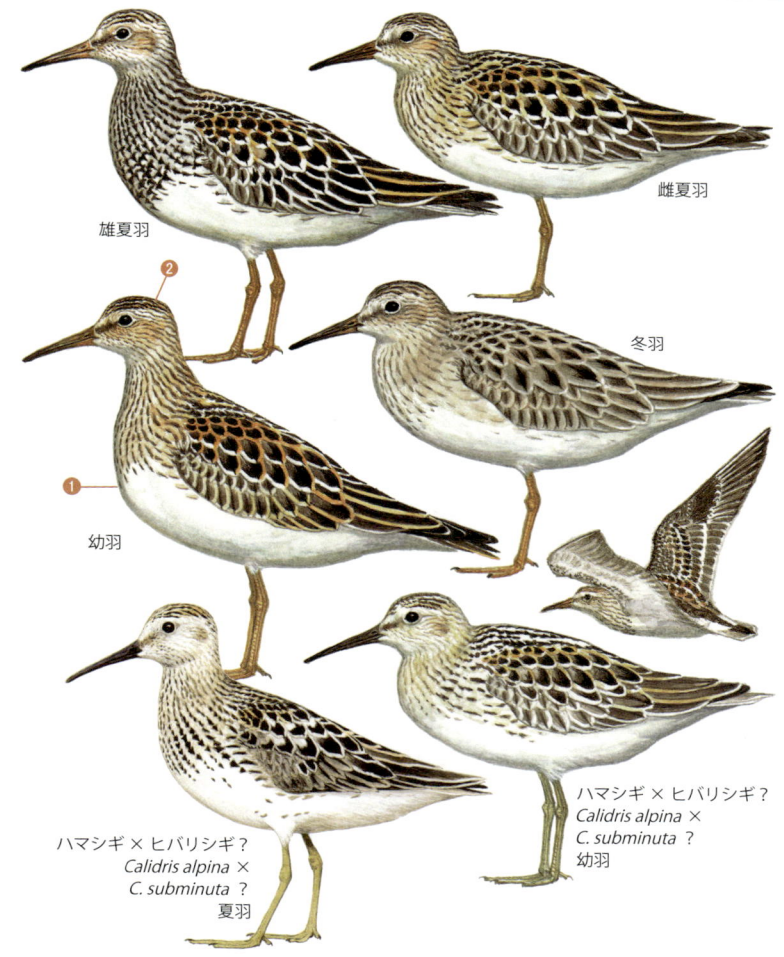

# アメリカウズラシギ *Calidris melanotos* / Pectoral Sandpiper

L19-23cm

雄夏羽

雌夏羽

② 幼羽 ①

冬羽

ハマシギ × ヒバリシギ？
*Calidris alpina* ×
*C. subminuta* ？
夏羽

ハマシギ × ヒバリシギ？
*Calidris alpina* ×
*C. subminuta* ？
幼羽

**分布** 数少ない旅鳥。水田,湿地,干潟など。**特徴** ウズラシギに似るが赤褐色味はやや弱い。胸の縦斑が多く,❶縦斑は白い腹と明瞭に区切られる。嘴はやや長めで,わずかに下にカーブする傾向がある。**夏羽** 雄は胸の黒い縦斑が太く密。雌は普通明瞭に小さめで,胸の縦斑は雄より弱い。**冬羽** 上面は灰褐色で黒褐色の太い軸斑がある。**幼羽** ウズラシギより❷頭頂と胸の赤褐色味が弱い。胸の縦斑が密で,前から見ると白い腹との境が浅いV字状に明確に区切られる。**声** キュルッ,ピュルッ。

**ハマシギ × ヒバリシギ？** この組み合わせと疑われる雑種が近年日本各地で稀に観察されている。オーストラリアの記録が知られるアメリカウズラシギ × サルハマシギ ("Cox's Sandpiper") に似る場合があるが,より小形で概ねトウネンとハマシギの中間。

# ウズラシギ

*Calidris acuminata*
Sharp-tailed Sandpiper

L17-22cm

❶

夏羽（8月頃）

夏羽（5月頃）

❷

冬羽

ウズラシギ幼羽

アメリカウズラシギ
幼羽

キリアイ幼羽

❸

幼羽

ヒバリシギ幼羽

**分布** 旅鳥。水田,湿地,河川,埋め立て地の水溜り,河口干潟などで単独または数羽か小群で見られる。**特徴** ❶頭が帽子を被ったように赤茶色。嘴は黒っぽく,基部は黄褐色。足は黄緑色。**夏羽** 頭部から胸にかけて縦斑があり,❷胸から脇にかけては鉤型の斑になる。眼の回りは白いアイリング状で目立つ。8月頃の冬羽への換羽が始まる前は,白い羽縁が擦り切れ,黒っぽく見える。**冬羽** 頭の赤茶色は淡くなる。上面の各羽は黒褐色の太い軸斑があり,灰褐色の羽縁がある。**幼羽** 夏羽に似るが,眉斑はより白く,脇に鉤型の斑は見られない。羽衣はヒバリシギにも似るが,ひと回り以上大きく,ずんぐりとした体形をしている。❸胸はアメリカウズラシギより明るい橙黄色で縦斑が少ない（特に前胸）。**声** クリリ,クリリ。

25

# ヒメウズラシギ

*Calidris bairdii*
Baird's Sandpiper

L14-17cm

夏羽

夏羽→冬羽

② ③ 幼羽

① コシジロウズラシギ

ヒメウズラシギ 幼羽

④ コシジロウズラシギ 幼羽

⑤

トウネン幼羽

コシジロウズラシギ 夏羽

**分布** 稀な旅鳥。秋の幼羽の記録がほとんど。干潟、砂浜、河口などに渡来。
**特徴** ①静止時、初列風切が尾の先端を大きく越えて突き出る。トウネンより大きく、ハマシギより小さい。嘴と足はトウネンより長い。**夏羽** トウネンのような赤褐色味はない。肩羽には大きな黒い軸斑がある。**冬羽** 上面は灰褐色で下面は白い。**幼羽** 上面は各羽に黒褐色の太い軸斑があり、②明瞭な鱗状に見える。

③頭部から胸は黄褐色で縦斑が密にあり、白い腹との境は比較的明瞭に区切られる。
**声** クゥーイと柔らかな声。

## コシジロウズラシギ
*Calidris fuscicollis* White-rumped Sandpiper L15-18cm

迷鳥。ヒメウズラシギと異なり④腰が白く、⑤嘴がやや下にカーブし、普通下嘴基部が橙色、胸側の縦斑は脇まで延びる。夏羽と幼羽は頭部、上面に赤褐色がある。声はチリッと短く鋭い。

## チシマシギ

*Calidris ptilocnemis*
Rock Sandpiper
L20-23cm

夏羽
冬羽
第1回冬羽

分布 稀な冬鳥または旅鳥。岩礁海岸や防波堤,稀に干潟。 特徴 ハマシギに似るが,嘴,足が短い。❶嘴は基部が黄色っぽく,❷足は黄色。 夏羽 下面にハマシギに似た❸大きな黒斑がある。 冬羽 上面はハマシギより暗色。❹下面も胸から脇に灰黒色斑が密にあり暗色に見える。第1回冬羽は雨覆,三列風切に白く幅広い羽縁のある幼羽が残る。 声 プリィ。

## キリアイ

*Limicola falcinellus*
Broad-billed Sandpiper
L16-18cm

夏羽（5月頃）
夏羽（8月頃）
幼羽
冬羽

分布 旅鳥。干潟,河口,水田など。数は多くはない。 特徴 ハマシギとトウネンの中間の大きさ。嘴が長めで,❶先端が下に曲がる。❷白い眉斑と頭側線の上の白線が2本の線になる。 夏羽 頭部,上面に赤褐色部がある。胸の縦斑は脇まで及ぶ。 冬羽 上面は淡い灰色。 幼羽 模様はヒバリシギに似る。足は黄色味のある個体が多い。 声 ビューリと濁った声。

# ハマシギ

*Calidris alpina*
Dunlin

L16-22cm

夏羽
① 
夏羽→冬羽
第1回冬羽
冬羽
幼羽
③
②
第1回夏羽(5月頃)

**分布** 冬鳥または旅鳥。干潟,砂浜,河川の中流,水田など幅広い環境に渡来。冬の干潟では大きな群れが見られる。数亜種渡来の可能性があるが,野外識別は難しい。**特徴** 嘴は長めで,わずかに下にカーブする。静止時は尾羽が最も後方に出る。**夏羽** ❶腹に大きな黒斑がある。顔から胸にかけて白っぽく,細い縦斑がある。**冬羽** 上面は灰褐色で下面は白い。第1回冬羽は雨覆,三列風切に褐色味を帯び白い羽縁のある幼羽が残る。冬期よく同時に見られるミユビシギは嘴がまっすぐで,全体に白色味が強い。**幼羽** ❷胸から腹にかけて黒斑が縦に連なり,特に腹に集中する。頭部から胸にかけては褐色。上面は背,肩羽に黒褐色の太い軸斑と褐色,白色の羽縁があり,❸鱗状に見える。**声** ビュルッ,ジュイーと濁った声。

# サルハマシギ
*Calidris ferruginea*
Curlew Sandpiper
L18-23cm

夏羽

夏羽→冬羽

幼羽

冬羽

幼羽②

夏羽(6月頃)

**分布** 旅鳥。数は少なく,干潟,河口,湿地,水田,などに単独か数羽で渡来。**特徴** ハマシギに似るが嘴,足とも長く,❶嘴のカーブはより大きく,先端はより尖る。雌は雄より嘴が長め。❷腰に目立つ黒色部はない。静止時,初列風切は尾羽を越えて先に出るのが普通。採餌時はハマシギより前傾姿勢をとることが多い。**夏羽** ❸頭部から腹にかけて赤褐色。早期は白い羽縁が目立つが,擦れてくると一様に鮮やかな赤褐色になる。雌は色彩が鈍い傾向がある。**冬羽** 上面は淡く一様な灰褐色で下面は白い。ハマシギより眉斑は白く目立つ。**幼羽** 冬羽に似るが,❹上面の各羽にサブターミナルバンドがある。頸から胸にかけては黄褐色を帯びるが,個体により濃淡差がある。アシナガシギは足が黄褐くて長い。**声** ピュリィ,プリュと短い声。

# ミユビシギ   *Calidris alba* Sanderling   L20-21cm

夏羽

冬羽→夏羽

①

②

第1回冬羽

冬羽

③

夏羽→冬羽

幼羽

**分布** 旅鳥または冬鳥。砂浜,干潟,河口など。10羽から数10羽の群れで砂浜の波打ち際で採餌しているのが見られることが多い。**特徴** ほぼハマシギと同大で,ずんぐりとした丸い体形。嘴はまっすぐでハマシギより短い。①趾は3本で後趾がない。翼角が黒い。②翼上面に幅広い白帯が見られる。**夏羽** 頭部から胸にかけて赤褐色。上面も赤褐色で黒い軸斑がある。トウネンにも似るがひと回り大きく,嘴と足が長め。換羽途中の夏冬中間羽はいろいろな種に似て見えるので要注意。**冬羽** 上面は灰白色でハマシギより淡い。下面も白味が強く,他種との混群を作る時,その白さが際立つ。**幼羽** ③背,肩羽に黒い明瞭な軸斑があり,全体に黒白のコントラストが強く見える。**声** チュッ,チュッあるいはピュッと短く区切って鳴く。

# ヘラシギ

*Eurynorhynchus pygmeus*
Spoon-billed Sandpiper

L14-16cm

夏羽（5月頃）
夏羽（8月頃）
冬羽
幼羽→第1回冬羽
ヘラシギ幼羽
幼羽
トウネン幼羽

**分布** 数少ない旅鳥。西日本では越冬することもある。トウネンの群れに混じって1〜数羽で見られることが多く、秋の幼羽の記録が多い。干潟、砂浜、河口、水溜りなどに渡来。個体数が少ないうえ、繁殖地が限定されていて、絶滅が危惧されている。**特徴** ❶嘴の先端がヘラ状。ヘラ状の嘴を左右に動かして採餌する。トウネンとは同大かやや大きく、嘴、足もやや長め。

**夏羽** 頭から胸にかけて赤褐色でトウネンに似る。8月頃は羽毛が磨耗して黒味が強くなっている。**冬羽** 上面は灰褐色で下面は白い。**幼羽** 冬羽に似るが、上面は黒っぽい軸斑があり、頭頂、頬、胸に褐色味がある。トウネンの群れに混じると、❷黒と白のコントラストが強くて目立つ。ミユビシギとは幼羽の模様が似るが、ひと回り小さい。**声** プリー。

31

# コオバシギ

*Calidris canutus*
Red Knot

L23-25cm

冬羽

夏羽（5月頃）

夏羽（8月頃）

幼羽①

アライソシギ

幼羽②

アライソシギ幼羽

**分布** 旅鳥。数は多くはない。干潟, 河口, 砂浜, 埋め立て地などでオバシギの群れに混じることが多い。**特徴** ずんぐりとした体形で足は短め。黒色の嘴はまっすぐで, ほぼ頭長と同じ長さ。オバシギより小さく, 嘴は短い。翼上面の白帯の幅はやや広く, ❶腰は斑があり白くない。**夏羽** ❷頭部から腹にかけては濃い赤褐色。足は幼鳥より暗色の傾向が強い。8月頃の冬羽への換羽が始まる前は, 淡色の羽縁が擦り切れて黒っぽくなっている。**冬羽** 上面は一様な灰褐色で, オバシギほど羽軸が目立たない。**幼羽** 冬羽に似るが, ❸上面の各羽はサブターミナルバンドがある。胸から腹はバフ色, 黄褐色を帯びる個体が多い。足は黄緑色で成鳥より淡色の傾向がある。①は上面に複雑な模様のある個体。**声** キョェ, クゥェクゥェなど。

# オバシギ

*Calidris tenuirostris*
Great Knot

L26-28cm

夏羽（4,5月頃）
② 
冬羽
① 
第1回冬羽
夏羽（8月頃）
アライソシギ夏羽
④ ⑤ 
幼羽
③ 
アライソシギ冬羽

**分布** 旅鳥。干潟，河口，砂浜や岩礁の海岸，水田など。**特徴** 横長の体形で足は短め。嘴はほぼまっすぐで頭長より長い。足は黄褐色，黄緑，灰緑色など。❶腰は無斑で白い。**夏羽** 肩羽に赤橙色の羽毛がある。❷胸には黒色斑が密にあり黒帯状になる。**冬羽** 上面は灰褐色だがコオバシギより各羽の羽軸が目立つ。第1回冬羽は雨覆，三列風切に軸斑のある幼羽が残る。**幼羽** ❸胸の黒褐色斑が密で，上面はコオバシギより❹黒褐色の軸斑が目立つ。下嘴基部は褐色味を帯びる。**声** キュキュまたはキッキッなど。

**㊅ アライソシギ** L23.5-25.5cm
*Aphriza virgata* Surfbird

北米に生息し，主に岩礁海岸で見られる未記録種。夏羽はオバシギに似るが，❺嘴は短くてチドリに似た形。幼羽はサブターミナルバンドがありコオバシギにやや似る。

33

## アシナガシギ *Calidris himantopus* Stilt Sandpiper L18-23cm

夏羽
❷
❶
幼羽

**分布** 迷鳥。干潟,河口など。**特徴** 大きさと下にカーブした嘴からサルハマシギに似るが,❶足が長い。**夏羽** 側頭と耳羽が赤褐色で,❷下面には横斑が密にある。**冬羽** 上面は一様な灰褐色。**幼羽** 冬羽に似るが,上面は各羽に黒褐色の軸斑がある。嘴がかなり短くてまっすぐに見える個体もいる。**声** キュルリ,またはピュォピュオ。

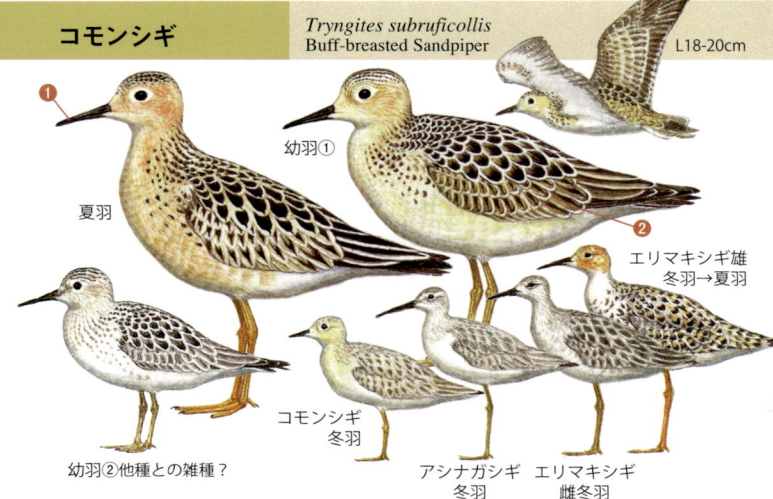

## コモンシギ *Tryngites subruficollis* Buff-breasted Sandpiper L18-20cm

❶
夏羽
幼羽①
❷
エリマキシギ雄
冬羽→夏羽
幼羽②他種との雑種?
コモンシギ
冬羽
アシナガシギ
冬羽
エリマキシギ
雌冬羽

**分布** 迷鳥。水田,草地,干潟など。**特徴** 黄褐色味が強く,❶嘴が短い。過眼線がなく眼は大きい。夏羽と冬羽は似るが,冬羽は羽縁が広く軸斑がより目立たない。**幼羽** 上面は成鳥より鱗状に見える。❷雨覆にはサブターミナルバンドがある。②は北米で観察例があり,嘴と初列風切が長く,ヒメウズラシギ,コシジロウズラシギなどとの雑種の可能性がある。**声** プリリリッ。

# エリマキシギ　*Philomachus pugnax* Ruff　♂ L26-32cm　♀ L20-25cm

雄夏羽
雄夏羽 ①
雌夏羽
雌幼羽
雄幼羽 ②

**分布** 旅鳥。関東以西では越冬もする。水田，埋め立て地の水溜り，河口など。干潟にも入る。単独か数羽で見られることが多い。**特徴** ① 雄夏羽の美しい襟巻きが特徴だが，日本では完全な夏羽は稀。雌は別種かと思えるほど小さい。やや下にカーブした嘴は短めで，足は比較的長い。**夏羽** 雄の色彩，模様は変異が大きく，さまざまな色，模様の個体がいる。雌は襟巻きもなく地味で，頸から胸にかけての斑は横斑。足の色は赤橙色から緑灰色まで変化が多い。**冬羽** 雄は襟巻きもなくなり，雌同様全体に灰褐色味が強くなり地味になる。**幼羽** 冬羽に似るが，② 褐色味が強く，上面の各羽は黒褐色の軸斑が目立つ。足は主に黄緑色。他種より背羽を立てる頻度が高い。**声** クゥエッ，ケッあるいはグゥエッ，ゲッとも聞こえる低く濁った声。

35

# アメリカオオハシシギ
*Limnodromus griseus*
Short-billed Dowitcher
L25-29cm

夏羽①（亜種 *caurinus*）

夏羽②（亜種 *hendersoni*）

夏羽③（亜種 *griseus*）

冬羽

幼羽

【幼羽の三列風切】

▲アメリカオオハシシギ

▲オオハシシギ

**分布** 記録は数例。より干潟を好む。アラスカ南部の *caurinus* ①，ハドソン湾西部の *hendersoni* ②，東部の *griseus* ③の3亜種がある。**オオハシシギとの区別** **嘴** 短めだが数値はかなり重なる。雌は雄より長め。**初列風切** ① 三列風切から3枚突き出る傾向。**尾羽** 特に亜種 *hendersoni* は黒色横斑が狭い傾向。**夏羽** 下面の赤色が少なく淡い。ピンク味を帯びる。胸の斑はオオハシシギでは横斑またはU字斑だが，②本種は主に丸斑で，脇は横斑がある。*hendersoni* は脇も丸斑が多く，上面は淡色部が多く，下面の赤色が他の亜種より多い。ただし個体差がある。**冬羽** 多くは識別不能。より白い眉斑が目立ち，胸から脇の灰色が少なく，胸の中央は斑点状でより淡色。**幼羽** ③三列風切の鋸歯状の明瞭な模様で識別可能。**声** 識別に最も有効。テュテュテュと早口でトーンが低い。

# オオハシシギ  *Limnodromus scolopaceus*  Long-billed Dowitcher

L27-30cm

夏羽（4月頃） ①

夏羽（8月頃） ②

冬羽

幼羽① ③

幼羽②

**分布** 数が少ない旅鳥または冬鳥。水田，湿地，池，河口など淡水域を好む。**特徴** 嘴がまっすぐで長く，特に雌は長い。シベリアオオハシシギより小さく，足は黄緑色で短め。**夏羽** ❶早期4月頃は下面の各羽に横斑と白い羽縁が目立つが，❷後期8月頃は白い羽縁と横斑が擦り切れて下面がかなり一様な赤褐色になる。アメリカオオハシシギは後期も早期との違いが少なく，斑が多く残る。**冬羽** 下面の白色部を除き全体に灰褐色で，特に胸と脇はアメリカオオハシシギより一様に灰褐色で暗色に見える。**幼羽** ①のようにアメリカオオハシシギより上面の模様が少なく，❸特に三列風切は一様で識別に有効。しかし，稀に②のような，三列風切に不明瞭な模様のある個体もいる。**声** ピッまたはピピピピピッと鋭く甲高い声。

# シベリアオオハシシギ *Limnodromus semipalmatus* Asiatic Dowitcher L33-36cm

冬羽
夏羽①
❶
❸
夏羽②
幼羽①
❷
幼羽②

**分布** オビ川流域から中国東北部にかけて繁殖。数少ない旅鳥。干潟，河口，水田など。**特徴** オオハシシギより大きく，オグロシギより小さい。❶嘴はほぼ黒いが下嘴基部がわずかに淡色で，長くて太い。足は黒くて長い。❷上面の各羽は細長くて笹の葉状。飛翔時は翼下面がほとんど白い。**夏羽** ❸頭部から胸が赤褐色で脇には横斑がある。雌は赤褐色が淡く嘴は長め。オグロシギは大きく，嘴基部寄り半分が橙黄色。オオソリハシシギは大きく，嘴は上に反り先端が細い。**冬羽** 上面は灰褐色で，頸から胸にかけて縦斑があり，脇は横斑がある。**幼羽** 上面の軸斑は黒褐色で褐色と白色の羽縁がある。頸から胸にかけて黄褐色または褐色。嘴はほぼ黒いが基部は淡く，ピンク味を帯びる。**声** チェッチェッ，ケーなど。

# カラフトアオアシシギ

*Tringa guttifer*
Spotted Greenshank, Nordmann's Greenshank　L29-32cm

夏羽（8月頃）

夏羽（4月頃）

冬羽

幼羽

幼羽→第1回冬羽

第1回冬羽

アオアシシギ
第1回冬羽

**分布** サハリンで繁殖する世界的希少種。数少ない旅鳥。干潟,河口,埋め立て地などに秋,幼羽が単独で渡来することが多い。**特徴** アオアシシギより小さくて背が低く,❶嘴の基部が太い。翼下面がより白い。採餌時は活発に動き回り,ソリハシシギを大きくしたような印象もある。**夏羽** 4月頃は胸の斑も含めアオアシシギに似るが,8月頃は羽毛が擦れて全体に黒っぽくなり,胸の黒丸斑が目立つ。❷肩羽,雨覆の白斑はアオアシシギより大きい。第1回夏羽は成鳥ほど胸の斑が目立たない傾向。**冬羽** 上面は淡灰色で下面は白い。第1回冬羽は雨覆,三列風切に褐色味の強い幼羽が残る。**幼羽** 冬羽より頭部,上面,胸に褐色味があり,特に早期は褐色味が強い。**声** アオアシシギと異なり,ケーとかすれ気味の声。

# ツルシギ

*Tringa erythropus*
Spotted Redshank

L29-32cm

冬羽
夏羽①
幼羽
冬羽→夏羽
夏羽②

**分布** 主に旅鳥で,春期多く見られ,越冬することもある。湿地,水田,蓮田,干潟など。**特徴** 夏羽では❶全身が黒っぽいスリムなシギ。嘴はまっすぐで長く,足と下嘴の基部寄り半分近くが赤い。飛翔時は背と腰の白い部分が目立つ。**夏羽** 全身黒く白斑が散在する。足は黒色味が強くなる。夏羽に移行途中の個体と,雌,第1回夏羽は雄成鳥より白色部が多い。**冬羽** 上面は灰褐色で体下面は白い。アカアシシギに似るが,嘴と足が長く,❷嘴は先端がわずかに下にカーブし,❸赤いのはほぼ下嘴基部寄りのみ。第1回冬羽は雨覆,三列風切に擦れた幼羽が残る。**幼羽** 成鳥冬羽に似るが全体により暗色。アカアシシギ幼羽よりも全体に暗色で,❹下面に横斑が密にある。**声** チュイッと澄んだ声で,短く尻上がりに鳴く。

# アカアシシギ  *Tringa totanus* Redshank  L27-29cm

冬羽
夏羽
幼羽
雛
幼羽→第1回冬羽

**分布** 主に旅鳥。北海道東部で繁殖。九州以南では越冬。干潟，湿地，水田，蓮田などに渡来。**特徴** ❶嘴基部と足が赤い。❷飛翔時は翼の後縁の幅広い白色帯が目立つ。ツルシギより嘴と足が短く，❸嘴は先端までまっすぐ。**夏羽** 頭から腹は縦斑に覆われ，脇には横斑が加わる。白いアイリングが目立つ。**冬羽** 頭から腹にかけての縦斑は夏羽ほど目立たず，上面もより一様な灰褐色。嘴と足の赤もやや鈍くなる。ツルシギは眉斑の白色が目の後方まで延びるが本種は眼先まで。第1回冬羽は雨覆，三列風切に擦れた幼羽が残る。**幼羽** 冬羽より上面の各羽縁の白斑が目立つ。嘴と足は赤味が鈍く，嘴はほとんど赤味のない個体も多い。遠目にコキアシシギにもやや似る。**声** ピョピョピョとアオアシシギより短めの声。

41

# コキアシシギ　*Tringa flavipes* / Lesser Yellowlegs　L23-25cm

冬羽

夏羽

幼羽

コキアシシギ

タカブシギ

第1回冬羽

**分布** 北米で繁殖。数少ない旅鳥で越冬例もある。干潟,河口,湿地など。**特徴** ❶長くて黄色い足。模様はタカブシギに似ているが,より足が長く,❷初列風切が尾羽から先に長く突き出る。眉斑は眼先までで途切れる傾向が強い。大きさと体形が似るコアオアシシギより嘴が短く,初列風切が長く,褐色味が強い。飛翔時,背は白くない。オオキアシシギより小さく,嘴は短くてほぼまっすぐ。**夏羽** 頭から胸にかけて縦斑が目立ち,上面は各羽に黒い軸斑と白斑がある。**冬羽** 上面は夏羽より一様な灰褐色になり,頭から胸にかけての縦斑も弱くて目立たない。第1回冬羽は雨覆や三列風切に擦れた幼羽が残る。**幼羽** 夏羽に似ているが頭から胸の縦斑が弱く,上面の色も淡い。**声** ピュッピュッとタカブシギよりトーンの低い声。

# コアオアシシギ *Tringa stagnatilis* Marsh Sandpiper L22-25cm

冬羽

夏羽

幼羽

アオアシシギ幼羽

コアオアシシギ幼羽

幼羽→第１回冬羽

**分布** 旅鳥。数は多くはない。湿地,水田,池,河口干潟など。**特徴** ❶針のような細く尖った嘴と長い足で,セイタカシギを思わせる形態。アオアシシギより小さいが全体のバランスでは,❷足が長く見える。足の色は黄緑,黄色。幼羽,冬羽はコキアシシギにも似るが❸白色味が強く,嘴が細長い。**夏羽** 頭から胸にかけて黒斑が密にあり,体上面は灰褐色で淡いレンガ色を帯び,白い羽縁と黒斑がある。**冬羽** 全体に白っぽくなり,上面は灰色。第１回冬羽は雨覆,三列風切に幼羽が残る。**幼羽** 上面は冬羽のような一様な灰色ではなく,黒褐色の軸斑が目立つ。早期の幼羽は褐色味が強い。肩羽を比較的早く冬羽に換羽する。**声** ピョピョピョとアオアシシギより弱く高い声,またはピィウとコチドリに似た声など。

# アオアシシギ

*Tringa nebularia*
Greenshank

L30-34cm

冬羽 ③

夏羽

幼羽 ④ ①

②

【幼羽の大雨覆】
アオアシシギ
オオキアシシギ
カラフトアオアシシギ

第1回冬羽

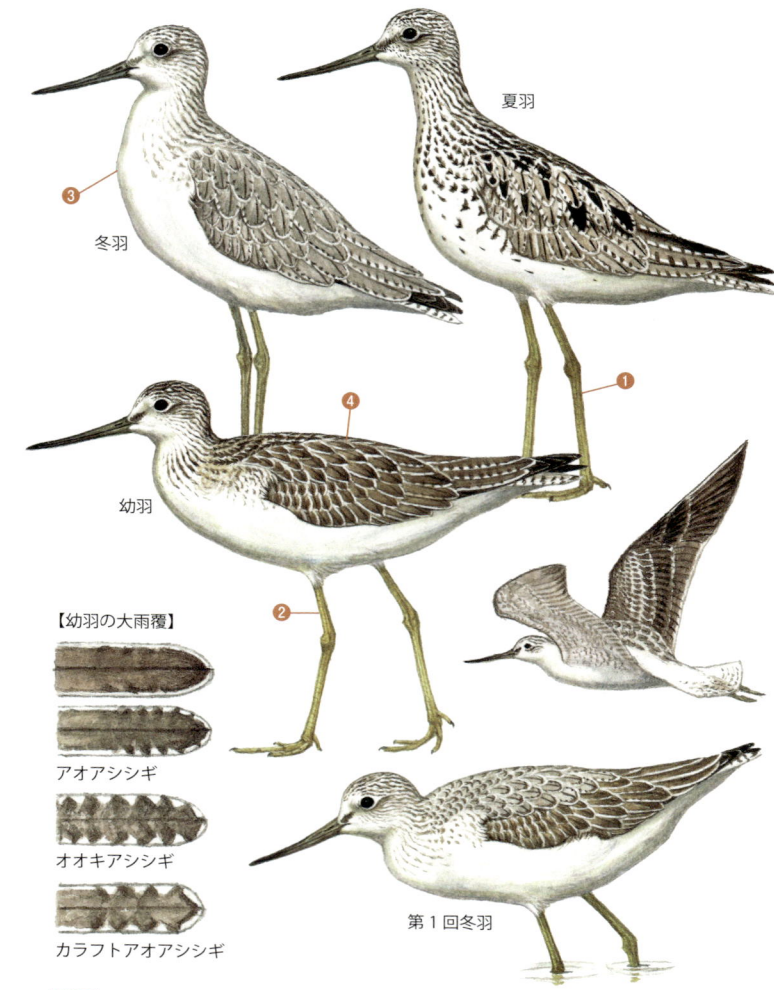

分布 ユーラシア大陸北部で繁殖。旅鳥。九州,沖縄では越冬も。干潟,河口,湿地,水田などに普通。数羽から数10羽の群れで見られる。特徴 長めの嘴と足。嘴は黒く,基部が灰緑色で少し上に反る。①足は黄緑色,青緑色。②稀に黄色味の強い個体も見られるが,オオキアシシギほど鮮やかではない。③下面の白色味が強く,遠くからも白さが目立つ。夏羽 頭から胸にかけて黒い縦斑に覆われる。肩羽,雨覆,三列風切にも黒い軸斑がある。冬羽 上面は灰色で,黒い軸斑は目立たなくなる。頭から胸にかけての縦斑も弱くなる。第1回冬羽は雨覆,三列風切により暗色の幼羽が残る。幼羽 上面は成鳥より褐色味が強く,④各羽の先端は成鳥のような丸みがなく尖り気味。声 丸みのあるよく通る声でチョーチョーチョーと鳴く。

# オオキアシシギ

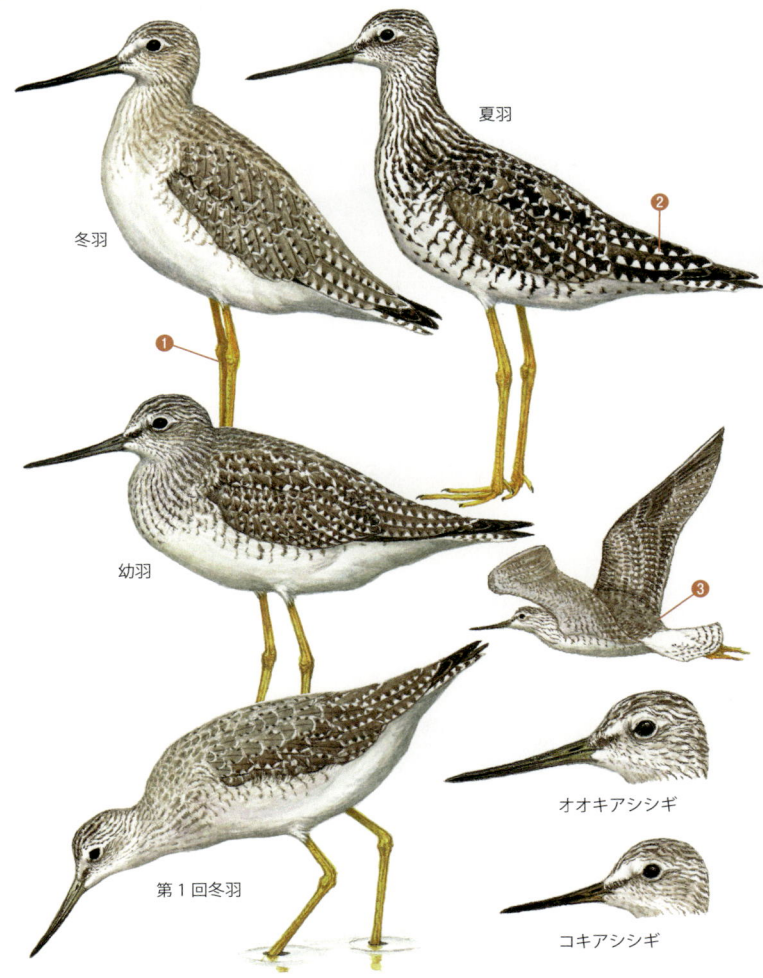

*Tringa melanoleuca*
Greater Yellowlegs

L29-33cm

冬羽
夏羽
①
②
幼羽
③
第1回冬羽
オオキアシシギ
コキアシシギ

**分布** 北米からの迷鳥。干潟、湿地、河口などに渡来。越冬例もある。アオアシシギ同様、嘴を水中に入れて走り魚を捕える採餌法もとる。**特徴** 大きさ、形態などアオアシシギによく似るが、❶足が鮮やかな黄色で、頸、嘴、足、翼がやや長め。❷上面の羽縁の白斑はより大きい。❸飛翔時、背は白くない。コキアシシギには模様、足の色など似るがずっと大きく、嘴は長くてやや上に反る。**夏羽** 頸から胸にかけては縦斑、脇には横斑が目立つ。アオアシシギは横斑が目立たない。**冬羽** 全体に夏羽より色が淡い。**幼羽** アオアシシギより肩羽、雨覆の白斑が大きい。アオアシシギは白斑にならず白い縁取り（羽縁）になることも多い。**声** アオアシシギに似るがもっと甲高く鋭い。ピュピュピュ。3節以上続けることもある。

45

# クサシギ

*Tringa ochropus*
Green Sandpiper

L21-24cm

夏羽

冬羽

幼羽

コシグロクサシギ

コシグロクサシギ
夏羽

コシグロクサシギ
幼羽

**分布** 冬鳥または旅鳥。川岸,湿地,水田などに単独または数羽で渡来。**特徴** タカブシギに似るがやや大きく足は短い。❶嘴は長めで上嘴先端が微妙に下にカーブして見える。❷上面の白斑が小さく,より暗色に見える。❸翼下面も暗色。❹白い眉斑は眼の位置まで。静止時,初列風切先端は尾端と同じかやや越える。**夏羽** 冬羽より顔から胸にかけて縦斑が目立ち,上面の白斑が大きめ。**幼羽** 頭から胸にかけての灰褐色斑が成鳥に比べより一様。**声** チュイッ,ピピピッ。

**未 コシグロクサシギ** L18-21cm
*Tringa solitaria* Solitary Sandpiper
北米に生息する未記録種。クサシギに酷似するが,❺腰が白くなくて黒い縦の帯が見える。やや小さくスリムで足が長めで,体形はタカブシギに近い。❻初列風切が尾端から長く突き出る傾向が強い。ピッピ,ピピピッと高く鋭い声。

# タカブシギ

*Tringa glareola*
Wood Sandpiper

L19-21cm

夏羽（5月頃）

冬羽

夏羽（8月頃）

幼羽

第1回冬羽

**分布** 旅鳥または冬鳥。関東以西では少数越冬する。数羽から10羽前後で見られることが多い。水田, 湿地, 川岸, 稀に河口干潟。**特徴** 上面は黒褐色で白い斑点が一面にある。同じ環境で見られるクサシギに似るが、やや小さく、❶嘴は短めだが足は長い。❷上面の白い斑点はより大きい。❸白い眉斑が明瞭。❹翼下面は淡色。**夏羽** 頭部から胸にかけて強い縦斑があり、脇には横斑がある。上面は各羽に黒い軸斑と大きな白点がある。**冬羽** 頭部から胸にかけての斑が夏羽より弱く一様になり、上面の白斑は小さく、縁取り状（羽縁）になる。**幼羽** 上面の羽縁の淡色斑は黄褐色を帯び、背の斑は褐色味が強い。よく似ているコキアシシギは大きくて、静止時、初列風切が尾端を大きく越え、足は鮮やかな黄色で長く、眉斑が眼の後ろが不明瞭。**声** ピッピピピ。

# キアシシギ

*Heteroscelus brevipes*
Grey-tailed Tattler

L24-27cm

夏羽① (4月頃)
❷
夏羽②
❶
冬羽
幼羽
淡色部は個体差がある

キアシシギ　メリケンキアシシギ

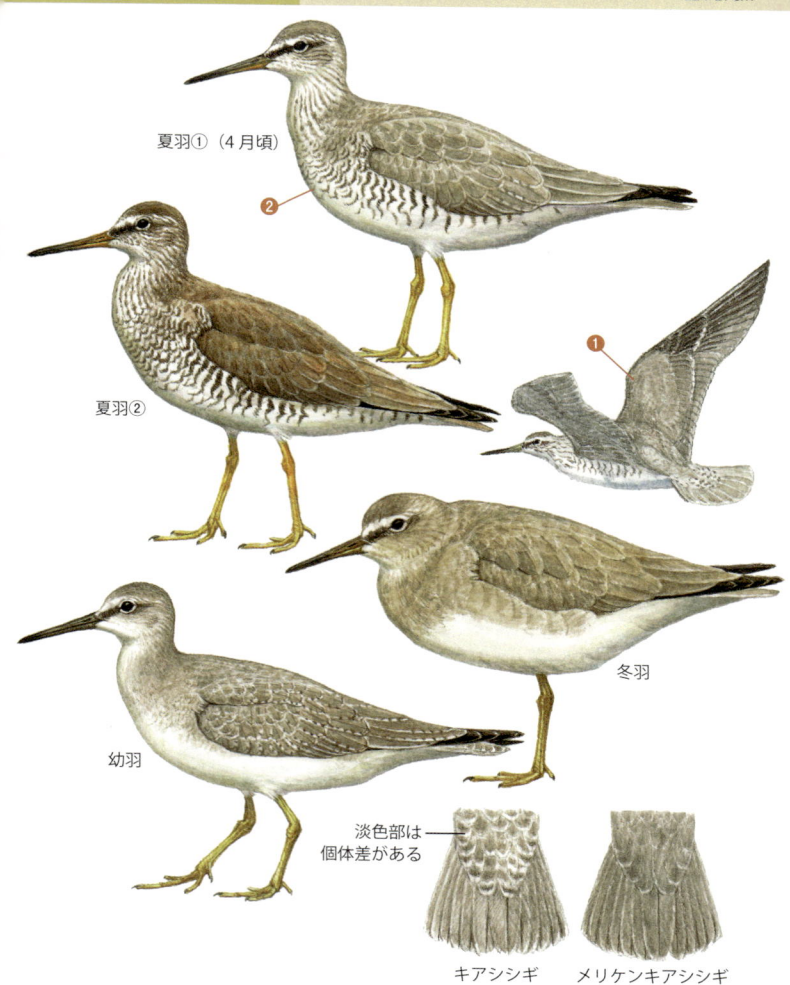

**分布** 旅鳥。南西諸島では越冬することも。海岸の岩場から干潟、水田まで幅広い環境に普通。**特徴** 下面を除き全体に灰褐色で模様が目立たず地味。足は短めで黄色い。よく混群を作るソリハシシギとは、やや大きく、上面が濃いこと、嘴がまっすぐで足のオレンジ色味が少ないことなどが異なる。飛翔時も❶翼に目立ったパターンは出ず、ほぼ一様な灰褐色。

**夏羽** ❷胸から脇にかけて波状の横斑がある。早期は肩羽、雨覆に淡色の羽縁とその内側に目立たない褐色帯があるが、後期は擦切れて上面は一様な灰褐色になる。**冬羽** 夏羽で横斑の見られた部分が一様な灰褐色になる。**幼羽** 冬羽に似るが、体上面の各羽の羽縁に小さな白斑と黒褐色斑がある。**声** ピューイ。春にはよくピピュピピピと長く鳴き交わす。

48

# メリケンキアシシギ

*Heteroscelus incanus*
Wandering Tattler

L26-29cm

夏羽①
❷
❸
夏羽②
冬羽
幼羽

❶
メリケンキアシシギ
キアシシギ

**分布** 旅鳥。主に本州中部以北の太平洋岸の岩礁地帯で春の渡りの時期に見られ、5月上旬から中旬にかけて10羽程度の群れが見られることもある。干潟ではごく稀。**特徴** キアシシギに似るが全体により暗色。嘴は基部まで黒い傾向が強く、❶鼻孔の先の溝はより長く、嘴の3分の2くらいの長さ。足は太め。❷初列風切は尾端より長く突き出る傾向が強い。上尾筒は先端を除き一様な灰褐色。 **夏羽** ❸胸から脇の横斑が太く密で、腹中央と下尾筒にも斑がある。斑の少ない個体②はキアシシギの斑の多い個体にやや似る。**冬羽** 下面の横斑がなく一様な灰褐色。キアシシギより暗色。眉斑が眼の後方では不明瞭な傾向。**幼羽** 冬羽に似るが、上面にキアシシギより目立たないが、サブターミナルバンドと白斑がある。 **声** ピリリリリ、ピッピッピッピッ。

# イソシギ

*Actitis hypoleucos*
Common Sandpiper  L19-21cm

イソシギ夏羽

アメリカイソシギ夏羽

イソシギ冬羽

アメリカイソシギ冬羽

イソシギ幼羽

アメリカイソシギ幼羽

雛

【三列風切の模様と尾羽の長さ】

イソシギ幼羽　　アメリカイソシギ幼羽

分布 河原,水田から岩礁海岸まで広く棲息。九州以北で繁殖。特徴 浅くはばたいて,小刻みに翼を震わせるような独特の飛翔。地上では尾を上下によく振る。❶尾羽は長くて翼端を大きく越える。下面の白色が側胸,肩部まで食い込む。白いアイリングが目立つ。夏羽と冬羽は軸斑の模様が若干異なるが遠目には大差がない。幼羽 肩羽,雨覆の羽縁が黄褐色でその内側に黒帯がある。声 チーリーリーなど。

## アメリカイソシギ   L18-20cm
*Actitis macularia*  Spotted Sandpiper

北米からの迷鳥。❷イソシギより尾羽が短い。上面は灰色味が強く,足は黄色味が強い。嘴は基部の淡色と先端の黒色の対比が明瞭。翼上面の白帯は狭い。夏羽は下面に❸特徴的な黒丸斑があり,嘴,足がピンク,橙色を帯びる。幼羽は❹三列風切羽縁の黒斑が少なく,ほぼ先端部に限られる。声 イソシギに似るがピピッ,ピピピピッとやや厚みのある声。

# ソリハシシギ

*Xenus cinereus*
Terek Sandpiper

L22-25cm

冬羽

夏羽

幼羽

夏羽から
冬羽に換羽中

キアシシギ夏羽

**分布** 旅鳥。干潟, 河口などに普通。淡水域では少ない。**特徴** 採餌時は活発に動き回り, 水際から離れた場所で採餌する傾向がある。キアシシギよりやや小さい。嘴は黒く基部は橙色で, ❶体の割に長くて上に反る。足は短めで黄色, 橙色。次列風切先端と大雨覆先端が幅広く白いため, ❷飛翔時は翼後縁の白色が目立つ。キアシシギとイソシギは嘴がまっすぐでやや短く, 背がより濃いことなどで区別する。**夏羽** 肩羽の上列は軸斑が太く, それが連なり❸上面に2本の黒線があるように見える。**冬羽** 上面は2本の黒線が目立たず, ほぼ一様な淡灰褐色に見える。**幼羽** 冬羽よりやや褐色味があり, 肩羽, 雨覆先端のバフ色の羽縁の内側に短黒線がある。**声** 変化が多いが, ピュピュリピリなどやや丸みのある声。

# オグロシギ

*Limosa limosa*
Black-tailed Godwit

L36-44cm

冬羽
夏羽
❶
❸
幼羽
❷
アメリカオグロシギ
雌夏羽
アメリカオグロシギ 幼羽
アメリカオグロシギ 夏羽

**分布** 旅鳥。全国の湿地,水田,河口,干潟に渡来。**特徴** 嘴と足が長く,❶嘴はまっすぐで先端寄り半分が黒く基部は肉色。❷飛翔時は白い翼帯と白い腰,黒い尾羽が目立つ。オオソリハシシギは嘴が上に反り,足が短く,尾は黒くない。**夏羽** 頭部から胸が赤褐色で❸胸から腹にかけて黒い横斑がある。嘴基部は橙色,黄色味が強くなる。雌は大きめで,赤褐色が淡い。**冬羽** 上面は目立つ模様はなくなり,一様な灰褐色。胸から脇も灰褐色。**幼羽** 冬羽に似るが,肩羽,三列風切,雨覆に黒褐色の軸斑がある。個体により後頸,胸,上背の橙色味が強い。**声** ケッケッ。

### アメリカオグロシギ L37-42cm
*Limosa haemastica* Hudsonian Godwit

北米からの迷鳥。2007年5月,佐賀県での記録がある。嘴がやや上に反り,翼下面の前半分が黒い。**声** ピュオッ。

# オオソリハシシギ

*Limosa lapponica*
Bar-tailed Godwit

L37-41cm

雌夏羽

① 雄夏羽

②

亜種 *baueri*

冬羽

幼羽

亜種 *menzbieri*

亜種 *lapponica*

**分布** 旅鳥。干潟，砂浜，河口に普通。最大5亜種に分けられる。アラスカの*baueri*，チュコト半島の*anadyrensis*と腰が白い東シベリアの*menzbieri*が少数渡来。**特徴** ❶嘴が長く上に反り，基部は肉色。雌は目立って大きくて嘴が長い。似ているオグロシギはやや小さく，嘴がまっすぐで足が長く，飛翔時は翼上面の白い翼帯と黒い尾羽が目立つ。**夏羽** ❷頭部から下面にかけ赤褐色。嘴は基部も黒っぽくなる傾向。雌は赤褐色味が少ない。脇にオグロシギほど目立つ横斑はない。**冬羽** 上面は一様な灰褐色で，オグロシギよりやや淡く羽軸が目立つ。胸から脇も灰褐色。**幼羽** 冬羽に似るが，肩羽，三列風切，雨覆に黒褐色の軸斑と白斑がある。**声** ケッケッケッ。オグロシギはケッ，ケッと一声ずつ区切って鳴くことが多い。

# ダイシャクシギ

*Numenius arquata*
Curlew

L50-60cm

成鳥

白色

幼羽

亜種 *arquata*

**分布** 旅鳥または冬鳥。大きな干潟、砂浜などに亜種 *orientalis* が渡来。**特徴** 大形で嘴が非常に長く、下に大きく曲っている。嘴の色は黒く、下嘴基部は肉色。足は青灰色。❶下面は白く、頭部から腹にかけて縦斑があり、脇にわずかに横斑がある。腰、翼下面も白い。雌のほうがやや大きく、嘴も長め。夏羽、冬羽で大差はない。似ているホウロクシギはやや大きめで、体下面は褐色味が強く、飛翔時も腰と翼下面が白くは見えない。未記録の亜種 *arquata* は小さめで脇は横斑が多く、❷翼下面は白色部が少なく、腰は斑が弱い傾向。**幼羽** 嘴が短く頸から腹にかけての縦斑が細かい。上面の軸斑が強く明瞭に見える傾向がある。シロハラチュウシャクシギは小さく、下面は丸斑。**声** クゥオーイクゥオーイまたはホーイン。

# ホウロクシギ

*Numenius madagascariensis*
Far Eastern Curlew

L55-66cm

成鳥

褐色

白くない

幼羽

ホウロクシギ幼羽

ハリモモチュウシャク

チュウシャクシギ

チュウシャクシギ幼羽

コシャクシギ

アメリカダイシャクシギ

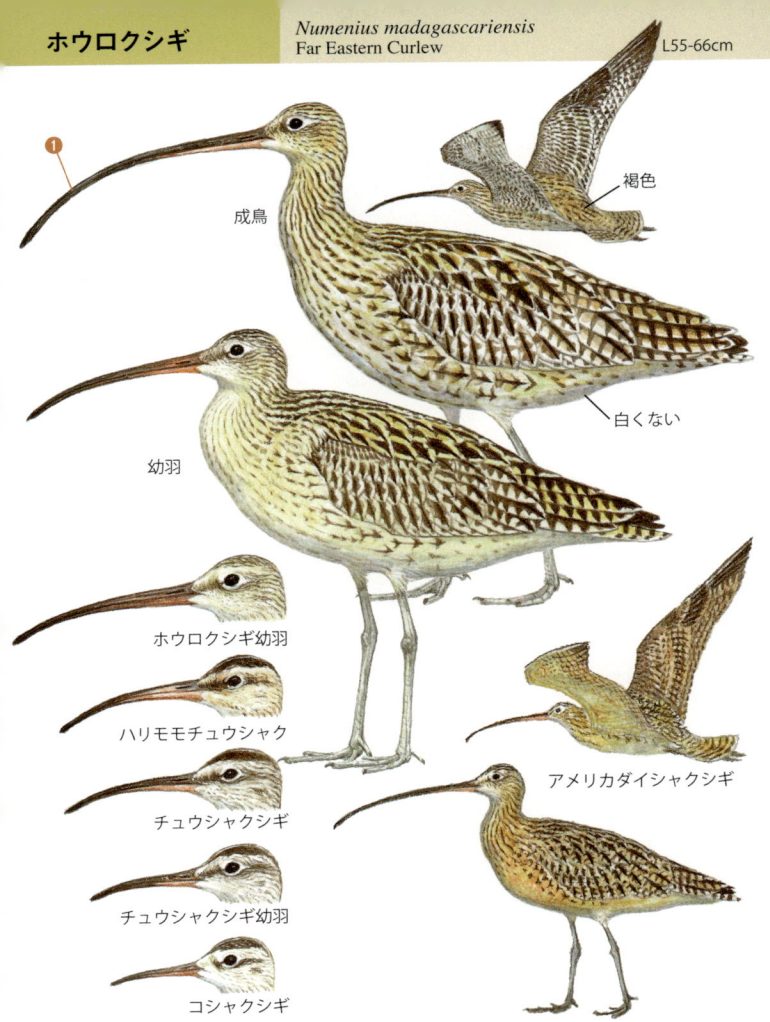

**分布** 旅鳥。大きな干潟,河口,砂浜。稀に水田にも入る。**特徴** 大形で❶嘴が非常に長く,下に大きく曲がる。嘴の色は黒く,下嘴基部は肉色。足は青灰色。頭部から腹にかけて縦斑があり,脇には横斑が混じる。雌のほうがやや大きく,嘴も長め。夏羽,冬羽で大差はない。ダイシャクシギは小さめで腰,下腹,翼下面に褐色味はなく,脇は主に縦斑で横斑は少ない。**幼羽** 嘴が短く頚から腹にかけての縦斑が細かい傾向が強い。上面の各羽の軸斑が強く明瞭に見える傾向がある。嘴が短い個体はハリモモチュウシャクとの識別に注意が必要。**声** ダイシャクシギよりやや濁った声で伸ばし気味に鳴く。

**㊪アメリカダイシャクシギ** L50-65cm
*Numenius americanus* Long-billed Curlew
北米に生息する未記録種。全体に赤褐色味が強く,翼下面も赤褐色。嘴の先端は上嘴が下嘴よりかなり長い。**声** クーリィ。

# チュウシャクシギ

*Numenius phaeopus*
Whimbrel

L40-46cm

チュウシャクシギ幼羽

チュウシャクシギ成鳥

チュウシャクシギ
亜種 *hudsonicus*

チュウシャクシギ

亜種 *hudsonicus*

シロハラチュウシャクシギ

シロハラチュウシャクシギ

**分布** 主に旅鳥。全国の干潟，水田ほかに亜種 variegatus が普通に渡来。❶背，腰が褐色の北米産亜種 hudsonicus が渡来する可能性もある。**特徴** 下にカーブした長めの嘴と黒褐色の頭側線。ホウロクシギに似るが小さく，嘴も短い。**成鳥** 夏羽と冬羽は大差ない。**幼羽** 上面の白斑と黒褐色の軸斑のコントラストが強い。嘴が短めで，コシャクシギとの識別に注意が必要。**声** ホイピピピピ。

## シロハラチュウシャクシギ  L36-41cm
*Numenius tenuirostris* Slender-billed Curlew

世界的希少種。日本では2羽の採集記録のみ。巣はシベリア西南部で1例発見されただけ。近年は1998年イギリス，2001年ハンガリーなどの記録があるが，絶滅が心配されている。**特徴** チュウシャクシギより小さい。❷下面が白く，黒い丸斑が目立つ。❸飛翔時の翼下面も白味が強い。

# ハリモモチュウシャク

*Numenius tahitiensis*
Bristle-thighed Curlew
L40-44cm

ハリモモチュウシャク
成鳥夏羽

ハリモモチュウシャク幼羽

ハリモモチュウシャク

コシャクシギ
成鳥

コシャクシギ

コシャクシギ幼羽

マキバシギ

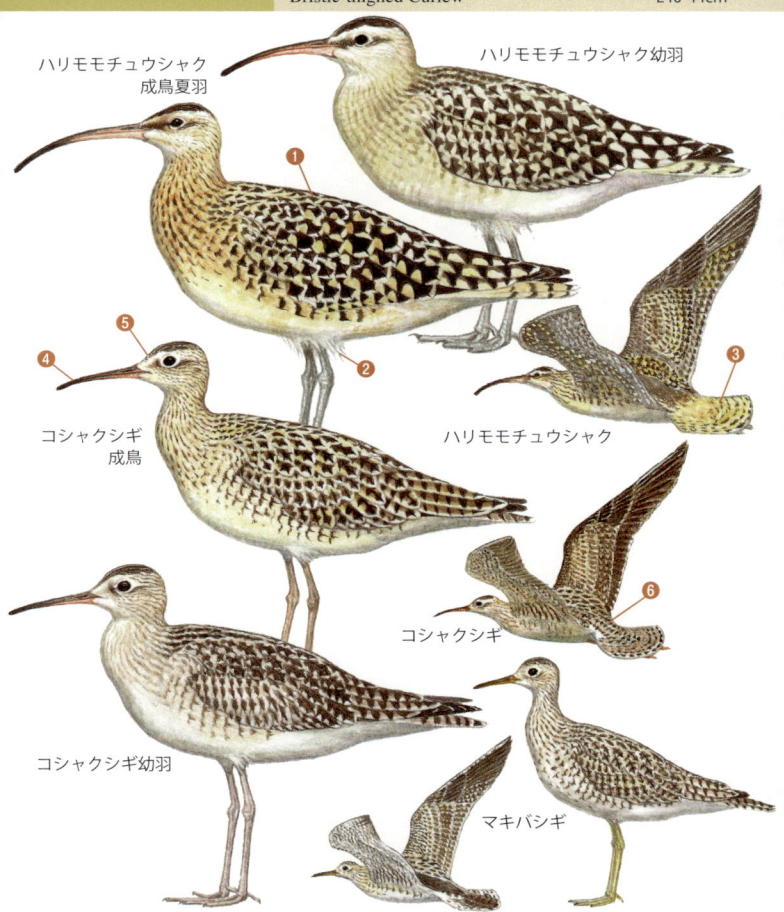

**分布** 迷鳥。海岸近くの草地,干潟など。アラスカのベーリング海沿岸で繁殖。ハワイ,ミクロネシアなどの島で越冬。**特徴** チュウシャクシギより❶上面の斑が大きく明瞭。❷腿の羽が針状に長く尖る。足が太め。嘴は湾曲が大きい。❸腰と尾羽も含め全体に赤褐色味,黄褐色味が強い。幼羽は上面の斑紋が明瞭で胸の斑が弱い傾向がある。**声** キュウーイ,フィーピッなど高い口笛に似た声。

**コシャクシギ** L29-32cm
*Numenius minutus* Little Curlew

数少ない旅鳥。主に農耕地,草地など。西日本では数10羽の群れが見られることも。**特徴** チュウシャクシギより小さい。❹嘴は細くて短く,先端がわずかに下に曲がる。❺過眼線は眼先では不明瞭。眼は大きい。❻腰は白くない。幼羽は成鳥より上面の斑が強く明瞭な傾向。**声** ピピピ,クゥイー。

**㊤ マキバシギ** L28-32cm
*Bartramia longicauda* Upland Sandpiper

北米産。オーストラリアで記録がある。コシャクシギより嘴が短くて尾が長い。

## ヤマシギ

*Scolopax rusticola*
Eurasian Woodcock

L33-35cm

【三列風切】

ヤマシギ　　アマミヤマシギ

**分布** 留鳥。平地から山地の林,谷津田等。冬はより低標高地や温暖な地域に移動。
**特徴** 太った体つきで,眼は上後方に位置する。全体に赤褐色と白,黒,灰色等の複雑な模様に覆われる。❶頭部は4つの大きな黒斑が並ぶ。**声** ブーブー,キチッ。

## アマミヤマシギ

*Scolopax mira*
Amami Woodcock

L34-36cm

眼の周囲の裸出部の
目立たない個体

**分布** 留鳥。奄美大島,加計呂間島,徳之島のよく茂った林。沖縄本島,慶良間列島でも見られている。ヤマシギに似るが,上面の暗色模様は隙間が少なく,全体に模様が潰れたような暗褐色の印象。しばしば眼の周囲にピンク色の裸出部がある。頭部の黒斑は最前寄りのもの❶が,2番目のもの❷より幅が狭い。頭のせり上がりは少なめで過眼線は頬線と平行に見える傾向がある。**声** ジェッ,ブー,プー。

# アオシギ

*Gallinago solitaria*
Solitary Snipe

L29-31cm

**分布** 冬鳥。渓流,小川。**特徴** 大形のジシギで,褐色と白,黒からなる複雑な模様に覆われ,黄色味がない。❶肩羽等の黒い模様は細い縞状。体下面は広く縞に覆われる。生息環境と合わせてほかのジシギ類との識別は容易。しばしば体を上下にゆするような動作をする。**声** ジェッ。

# コシギ

*Lymnocryptes minimus*
Jack Snipe

L17-19cm

**分布** 数少ない旅鳥または冬鳥。水田,湿地等。**特徴** タシギよりさらに明白に小さく,❶嘴は頭長より少し長い程度。❷眉斑は2つに分かれ,❸背には青緑光沢がある。❹翼後縁はタシギ同様に白い。尾は楔形。キリアイは嘴が黒くて先が下に湾曲し,上面の模様はより単純で青緑光沢はない。**声** コッ。

## タシギ

*Gallinago gallinago*
Common Snipe

L25-27cm

亜種 *gallinago*

亜種 *delicata*

亜種 *gallinago*

亜種 *delicata*

亜種 *gallinago* 幼羽

**分布** 冬鳥または旅鳥。水田,湿地,河川など。**特徴** 近似種中最も嘴と尾が長く華奢に見える。❶肩羽の淡色羽縁は外側のみ目立ち,斜線が並んでいるように見える傾向。❷雨覆は暗色部が多め。日本で見られる亜種 *gallinago* は❸飛翔時翼後縁の白帯が明瞭,翼下面も白色部が多い。尾羽は 14 枚が普通。**声** ジェッ。

**未** 識別が難しいが渡来の可能性がある北米の亜種 *delicata*

橙色味に乏しく,❹次列風切先端の白色は不明瞭。翼下面も暗色部が多い。尾羽は 16 枚が普通。別種として扱われることもある。

## ハリオシギ

*Gallinago stenura*
Pintail Snipe

L25-27cm

白線は目立たない

幼羽

尾羽

**分布** 西南日本に多い旅鳥。**特徴** 顔の割に眼が大きめ,頭の割に体が小さく,❶尾羽・体後部が短い寸詰まりの体形。頭部等に橙褐色の小斑が混じる傾向は近似種中最も強い。尾羽は 26 枚が普通で,❷外側 7 対ほどは細い針状で短い。**声** ジェッ。

## オオジシギ

*Gallinago hardwickii*
Japanese Snipe, Latham's Snipe
L28-30cm

白線は目立たない

幼羽

【尾羽】

タシギ（亜種 *gallinago*）　オオジシギ

**分布** 夏鳥。本州中部の高原や北日本の草原で繁殖。全国の水田等に立ち寄る。
**特徴** 近似種中最も大柄で淡色に見える傾向。眼の大きさに対して顔が長く、頭に対して体が長大に見える傾向。尾羽は18枚が普通で広げると全体が円形状に見えやすく、❶外側の羽は白色部が多く黒い横斑が散らばる。**声** ゲッ。繁殖期にはズビヤクズビヤクと鳴き、急降下時に尾羽でゴゴゴーと音を出す。

## チュウジシギ

*Gallinago megala*
Swinhoe's Snipe
L27-29cm

白線は目立たない

【幼羽から第1回冬羽へ換羽中の肩羽】

←冬羽
←幼羽

幼羽

尾羽　　オオジシギ／チュウジシギ

**分布** 旅鳥。水田など。**特徴** 近似種に酷似し、大きさと体型はオオジシギとハリオシギの中間的。❶顔や首、雨覆など、各部の暗色部が多い傾向で、全体的にもしばしばかなり暗色に見える。尾羽は20枚が普通で、❷外側の羽は通常暗色部が主体で、淡色の斑列が多少入る程度。**声** クェッ, ジェッ, など。

# セイタカシギ

*Himantopus himantopus*
Black-winged Stilt

L35-40cm

雄

第1回冬羽

幼羽

雌

第1回冬羽

雛

【亜種セイタカシギ・頭色の変異】

オーストラリアセイタカシギ

クロエリセイタカシギ

分布 旅鳥または冬鳥。干潟,湿地,池沼,水田,蓮田など。東京湾岸や愛知県では一部で繁殖し周年見られる。 特徴 ❶ ピンク色の著しく長い足。白い体と黒い翼。嘴は細く尖り,まっすぐかわずかに上に反る。❷頭の色模様は変化が多い。❸飛ぶと腰の白は背まで深く食い込んでいる。 夏羽 雄は上面が緑光沢のある黒,雌は褐色がかる。 第1回冬羽 灰褐色味が強く,翼を開くと❹次列風切先端が白い。 幼羽 バフ色の羽縁が目立ち,時にコアオアシシギを思わせる。稀に記録される亜種オーストラリアセイタカシギ *H. h. leucocephalus* は,雄成鳥では顔が白くて❺後頸がくっきりと黒く,この黒色部の羽毛が逆立つ。別種として扱われる場合もある。新大陸の亜種クロエリセイタカシギ *H. h. mexicanus* は近畿地方で人為的に放鳥されたものが観察されている。 声 キッ,ケレケレ,ピュなど。

## ソリハシセイタカシギ
*Recurvirostra avosetta*
Pied Avocet
L42-45cm

成鳥 / 第1回冬羽 / 幼羽

**分布** 稀な旅鳥または冬鳥。干潟,池沼,湿地,砂浜など。**特徴** ❶著しく上に反った細い嘴,白黒の羽色。足は青灰色でセイタカシギよりは短め,大きな蹼がある。**成鳥** 羽色は完全な白と黒。雄のほうがやや嘴が長めで反りが小さめ。**第1回冬羽** ❷雨覆に褐色味のある羽が見られる。**幼羽** 上背や肩羽に褐色の斑がある。**声** ポィポィポィなど。

## ミヤコドリ
*Haematopus ostralegus*
Eurasian Oystercatcher
L40-46cm

成鳥 / 幼羽 / クロミヤコドリ

**分布** 旅鳥または冬鳥。近年増加傾向。東京湾では越夏群や冬期80羽を超す確認例も。砂浜,干潟,岩礁など。**特徴** ❶赤く長い嘴と白黒の体。通常紛らわしい種はいない。**幼羽** ❷嘴先端が黒っぽく,上面に褐色味,幾分羽縁や切れ込み模様。眼の色が鈍い。**声** ピュピィ,キュビッ。

### (未) クロミヤコドリ
L43-45cm
*Haematopus bachmani*
American Black Oystercatcher

北米産。カムチャツカで記録があり,今後記録される可能性も。

## アカエリヒレアシシギ *Phalaropus lobatus* Red-necked phalarope
L18-19cm

雌夏羽 ① ② 冬羽 ③ 雄夏羽 幼羽

**分布** 旅鳥。海上，海岸，干潟，河川，水田，池沼。**特徴** ① 非常に細く尖る嘴。**夏羽** ② 頸側から胸にかけて赤い。雄は赤が淡く，眉斑が長く頸側につながる。**冬羽** 上面は淡い灰色で，③ 肩羽の軸斑はハイイロヒレアシシギより目立つ。**幼羽** 上面や頭上は黒っぽく，淡黄褐色の羽縁がある。**声** ヂュエッ，キュエッ。

## ハイイロヒレアシシギ *Phalaropus fulicarius* Grey phalarope
L20-22cm

雌夏羽 ① ② 冬羽 ③ 雄夏羽 幼羽

**分布** 旅鳥。海上，海岸，池沼等にも入るが，より外洋性が強い。**特徴** ① 嘴がやや太い。**夏羽** ② 頸から腹，下尾筒まで赤い。雄は赤味が淡く，頭上が縦斑状。**冬羽** ③ 上面は一様な灰色で軸斑は目立たない。**幼羽** 上面や頭上は黒っぽく，淡黄褐色の羽縁がある。**声** チェッ，ピッ，ビュリー，など。

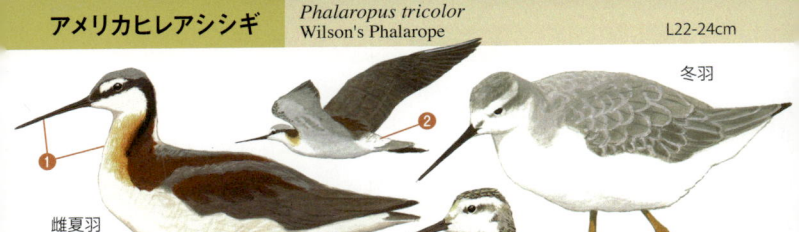

## アメリカヒレアシシギ　*Phalaropus tricolor*　Wilson's Phalarope　L22-24cm

雌夏羽　冬羽　幼羽　雄夏羽

**分布** ごく稀な迷鳥。愛知県で2例。池沼等。**特徴** 他のヒレアシシギ類より大きく、❶嘴、頸、足が長い。**夏羽** 雌は青灰色と赤紫褐色の特徴的な羽色。雄は色合いが鈍い。**冬羽** 上面は一様な灰色。**幼羽** 黒っぽい軸斑が目立つ。冬羽と幼羽はコアオアシシギを思わせるが、それより足が短く、❷飛翔時に背に白色部が食い込まない。**声** ウェッ、ウゥッなど。

## ツバメチドリ　*Glareola maldivarum*　Oriental Pratincole　L23-24cm

夏羽　冬羽　幼羽

**分布** 多くない旅鳥または夏鳥。関東以西で局地的に繁殖記録がある。農耕地、荒地、草地、河原、干潟など。**特徴** 翼が長く、ツバメを思わせる独特の体形。❶下雨覆が赤っぽい。**夏羽** 嘴基部が赤く、眼の下から喉に黒線。**冬羽** 嘴は黒。眼の下の線も不明瞭。**幼羽** 各羽に白い羽縁と黒いサブターミナルバンドが目立つ。**声** クリリ、キリリ。

## シギ・チドリ類のさまざまな採餌方法

　シギ・チドリ類は，それぞれの種の嘴の形や長さ，体形などを生かしてさまざまな方法で餌をとるのが見られる。姿形から種を見分けるだけでなく，このような行動のおもしろさや，生息環境との関連性にも注目してみよう。

### メダイチドリ
干潟からゴカイを引っ張り出して食べる

### キョウジョシギ
嘴で小石をひっくり返して餌を探す

### アオアシシギ
浅瀬で小魚を追う

### ホウロクシギ
長く湾曲した嘴で
カニを捕らえる

### ミユビシギ
砂浜の波打ち際を，群れで走りながら採餌する